PENSAR E SER EM GEOGRAFIA

Ruy Moreira

PENSAR E SER EM GEOGRAFIA
ensaios de história, epistemologia e ontologia do espaço geográfico

Copyright© 2007 Ruy Moreira
Todos os direitos desta edição reservados à
Editora Contexto (Editora Pinsky Ltda.)

Foto de capa
Jaime Pinsky

Montagem de capa e diagramação
Gustavo S. Vilas Boas

Revisão
Liliana Gageiro Cruz
Sonia Cervantes

Dados Internacionais de Catalogação na Publicação (CIP)
(Câmara Brasileira do Livro, SP, Brasil)

Moreira, Ruy
Pensar e ser em geografia : ensaios de história, epistemologia e ontologia do espaço geográfico / Ruy Moreira. –
2. ed., 2ª reimpressão. – São Paulo : Contexto, 2022.

Bibliografia
ISBN 978-85-7244-366-1

1. Espaço e tempo 2. Geografia 3. Geografia – Filosofia
4. Geografia – História 5. Geografia humana
6. Geografia – Metodologia I. Título

07-4074   CDD- 910.01

Índice para catálogo sistemático:
1. Geografia : Teoria   910.01

2022

EDITORA CONTEXTO
Diretor editorial: *Jaime Pinsky*

Rua Dr. José Elias, 520 – Alto da Lapa
05083-030 – São Paulo – SP
PABX: (11) 3832 5838
contexto@editoracontexto.com.br
www.editoracontexto.com.br

Proibida a reprodução total ou parcial.
Os infratores serão processados na forma da lei.

Para Emília, minha companheira.

SUMÁRIO

Apresentação 9

História 11
    As formas da geografia e do trabalho do geógrafo no tempo 13
    A renovação da geografia brasileira no período 1978-1988 23
    A sociedade e suas formas de espaço no tempo 41

Epistemologia 59
    A geografia serve para desvendar máscaras sociais 61
    As categorias espaciais da construção geográfica das sociedades 81
    Conceitos, categorias e princípios
        lógicos para o método e o ensino da geografia 105
    Diálogo com os humanos e os físicos:
        por um mundo experimentado por inteiro 119

Ontologia 131

    O mal-estar espacial no fim do século XX 133

    Ser-tões: o universal no regionalismo
        de Graciliano Ramos, Mário de Andrade e Guimarães Rosa 143

    A identidade e a representação da diferença na geografia 161

    Sociabilidade e espaço:
        as sociedades na era da terceira revolução industrial 173

Bibliografia 183

O autor 189

APRESENTAÇÃO

As últimas décadas encerram o século XX sob o signo de um grande debate entre a ciência e a filosofia, envolvendo num contraponto epistemologia e ontologia ao redor da questão do conhecimento e da existência. Relegada ao esquecimento pela preeminência que por longo tempo ciência e filosofia dão ao conhecimento, a existência ganha força nesta virada de século e, junto à questão do ser, cobra tanto de uma quanto de outra foros de presença em suas respectivas tarefas de decifrar o mundo do homem.

A epistemologia é a parte da filosofia que cuida da ciência, cujo tema é o conhecimento. A ontologia é a parte da filosofia cujo tema é a existência, à qual chega através da reflexão sobre o ser. Esses campos e temas têm sido o elo comum entre a filosofia e a ciência, mas, segundo Heidegger, num profundo sentido de crítica, numa relação centralizada no tema do conhecimento.

A geografia é historicamente definida como ciência. Seu tema tem sido o conhecimento, aqui e ali se ocupando do problema da existência, mas sempre confundido com o tema da sobrevivência. A atenção com a ontologia é mais recente.

O conjunto dos textos reunidos neste livro está voltado para o modo como esse debate chega à geografia. O diálogo que então nela se estabelece em torno da relação entre a epistemologia/conhecimento e a ontologia/existência; os enfoques novos a que dá origem, e o balanço e o temário da renovação que provoca são os temas que povoam suas páginas. Temas que analisamos de um modo sistemático em *Para onde vai o pensamento geográfico?* (também publicado pela Contexto) e aqui são ampliados, enriquecidos e aprofundados.

Escritos entre 1978 e 2006, esses textos foram grupados em três seções, dividindo-se o livro nessas três partes. Na primeira, reúnem-se textos de retrospecto da história da ciência geográfica, do perfil dos seus profissionais e do espaço. Na segunda, agrupam-se textos que analisam os aspectos da epistemologia, os pensadores e os conceitos fundamentais da geografia. Na terceira, por fim, textos que tematizam os problemas da ontologia, aqui aparecendo a problemática da existência e do ser e o conceito da geograficidade.

Em todo o correr da obra, o leitor é levado a transitar com o autor pelo campo dos antigos e novos aspectos do pensamento geográfico, seus caminhos e embates. E é convidado a circular nas veredas desse pensamento em sua busca incessante de ajudar os homens a clarificar o mundo como mundo do homem por meio da categoria do espaço.

Os textos podem então ser lidos na sequência do sumário, se o propósito for a aceitação do convite. E podem ser lidos na ordem cronológica em que foram escritos e publicados – indicada no fim dos capítulos – se o interesse, além disso, incluir a informação sobre o trajeto da geografia brasileira nessas últimas décadas.

HISTÓRIA

HISTORIA

AS FORMAS DA GEOGRAFIA E DO TRABALHO DO GEÓGRAFO NO TEMPO

Gláuber Rocha dizia que para fazer cinema bastavam algumas ideias na cabeça e uma câmara na mão. Os geógrafos sempre tiveram muitas ideias na cabeça e uma câmara na mão, mas no geral raras vezes essas duas coisas estiveram concatenadas. Nos dias de hoje, as ideias estão sem arrumação e a câmara sem um olhar geograficamente orientado.

As ideias e a câmara formam em sua unidade o perfil do geógrafo, tanto quanto do cineasta, embora ideias e câmara tenham natureza diferente para um e outro. E em ambos as ideias orientam e dão vida à máquina (e não o contrário) e fazem-na gerar um produto que será a imagem no espelho do real sensível da câmara arrumado pelas ideias.

O estado de confusão em que se encontram as ideias na geografia, e assim na cabeça dos geógrafos, e a falta de correta orientação à máquina explicam os produtos que têm saído de nossas produções, muitos deles de qualidade indiscutível, mas sem uma cara geográfica discernível frequentemente.

Contraditoriamente, vive-se o paradoxo de, no momento em que as realidades espaciais, aqui sob o nome de conflitos de territorialidades e acolá sob o nome de desarrumação socioambiental, saem do universo da geografia para ir, em outros campos do saber acadêmico, alimentar os termos da relação sociedade-natureza/sociedade-espaço no presente, não se ter nela mesma a clareza do saber e do fazer. O que indaga do estado teórico da geografia e do geógrafo como intelectual-profissional formal desses temas, para ajudar a enfrentá-los, explicitando-se assim um problema claro de desencontro de perfil.

A geografia e o geógrafo na história

Cada época da história tem uma forma própria de geografia e um perfil próprio de geógrafo (Tatham, 1959; Claval, 1974; Sodré, 1976; Buttimer, 1980; Andrade, 1987).

Na Antiguidade, a geografia é um registro cartográfico de povos e territórios. Estado, viajantes e comerciantes requerem do geógrafo as informações de caráter estratégico que os orientem em seus deslocamentos no interior dos modos espaciais de vida de cada povo. De maneira que a geografia e o geógrafo agem e se exprimem através do método e da linguagem que combinam no mapa os símbolos da cosmogonia e as informações territoriais de cada um dos povos, úteis para os fins da ação prática.

Na Idade Média, a influência da Igreja leva a geografia a ser uma forma de visão que referenda o imaginário bíblico de um mundo criado por Deus à sua imagem e semelhança. Por isso, a geografia medieval é uma extensão da Bíblia e o geógrafo um cartógrafo do fantástico.

No Renascimento, a geografia é uma forma de cosmologia destinada a ajudar a conceber o mundo como um grande sistema matemático-mecânico. E o geógrafo é transformado num cartógrafo do movimento dos corpos celestes em seus rebatimentos geodésicos sobre a superfície terrestre, referendando uma visão de mundo natural e dessacralizada (Moreira, 1993).

Entre o Renascimento e o Iluminismo a geografia se duplica: de um lado volta a ser uma cartografia do fantástico, mas desta vez para o fim de realçar o imaginário de uma Europa racional em contraste com um mundo de bárbaros que a razão europeia deve conquistar e civilizar, e de outro lado é uma cartografia da precisão, voltada para o fim prático de orientar os naturalistas e navegadores que se lançam à conquista do mundo desconhecido. E o geógrafo é assim um misto de viajante e naturalista, cujo papel é organizar o mundo exótico, de fora, segundo a razão europeia. Tal são a geografia e o geógrafo desse tempo, um momento que vê nascer o Estado e o colonialismo modernos, de modo que o geógrafo deve saber consolidar o imaginário etnocêntrico que faz dos europeus os senhores naturais do mundo e de fazê-lo com base numa cartografia que mostre a Europa como o seu centro natural. É o momento que presencia a invenção do planisfério por Mercator (1569), mostrando os continentes e as linhas imaginárias que irão sustentar a plotagem do movimento dos céus na superfície terrestre, que servirá de base para a matematização da natureza e a divisão da superfície terrestre na sucessão de fusos horários que padronizam o tempo do mundo a partir do fuso horário da Inglaterra. Matematização que é também simbolicamente usada para unificar a extensão territorial do Estado na unidade da moeda, do padrão de pesos e medidas e da língua nacional, que o discurso escolar irá materializar como os entes geográficos da individualidade e da identidade nacionais dos povos e dos seus estados. Então, o mapa e o globo devem unir no olhar geográfico o mundial e o nacional, o fantástico e o real, o híbrido e o racional, o europeu e o europeizado, a metrópole e a colônia, tudo num só ato de discurso cosmológico. Essa geografia deve oferecer aos naturalistas, sacerdotes, militares e aos próprios geógrafos a cartografia dos cinco mares já sistematizados na forma que lhes assegure a tarefa de vasculhar o novo mundo e lhes permitir, na volta, colocarem seus dados à disposição dos governos como um conhecimento estruturado e apto para servir de instrumento do Estado em sua função de organizar as grandes navegações, fazer avançar a política do metalismo e dar início à divisão do mundo em domínios imperiais dos países da Europa. E o geógrafo deve ser o especialista da elaboração de mapas que ao tempo que inscrevam como natural a cosmologia europeia, apresentem a sua racionalidade como o destino civilizatório de todos os povos.

O século XVIII, iluminista, marcado pela revolução industrial e pela ascensão da burguesia à condição de classe dominante, é a consolidação dessa geografia e desse perfil de geógrafo. Isso porque é o século que pede uma geografia e um geógrafo que mapeiem o mundo com o rigor matemático da localização e da cubagem dos recursos que a nova economia decreta como a prioridade das prioridades. E, assim, que naturalizem como organização do espaço o arranjo calcado nas leis do mercado, mercado das matérias-primas (animais e vegetais, minerais e de energia fóssil) e mercado de consumo dos bens industriais, teorizando como leis do espaço as leis de movimento dessa nova e voraz consumidora de territórios e povos que é a indústria moderna. A geografia transforma-se então na ciência dos grandes espaços e o geógrafo num especialista em teoria e prática das localizações. E por todo o correr da segunda metade do século XIX e da primeira do século XX será este o perfil da geografia e do geógrafo.

O século XIX e as primeiras décadas do século XX são o momento de uma nova duplicação: de um lado surge a geografia da civilização (a geografia do N-H-E) e de outro lado a geografia dos grandes arranjos. A necessidade de melhor conhecer os povos introduz como discurso o estudo da relação do homem com o seu meio como tema central das reflexões e do conhecimento. E a necessidade de melhor organizar o domínio dos territórios introduz o estudo da relação da sociedade com o seu espaço como esse tema. Nasce, assim, a dúplice função de por um lado o geógrafo lidar com o tema das civilizações (junto com o antropólogo) e por outro com o tema do arranjo racional dos espaços (junto com o economista), o geógrafo distinguindo-se dos seus pares pelo focamento do seu estudo na consideração do suporte físico (derivando daí conceitos como sítio, *habitat* e ecúmeno) das ações humanas (tema que então divide com o historiador), donde extrai suas ilações e conhecimento. Em ambos os casos alarga-se e sedimenta-se a geografia do período iluminista.

O século XX, por fim, consagra a geografia como a ciência do espaço e o geógrafo como o especialista de sua organização. Era da mundialização da indústria e dos territórios planejados e ordenados pela intervenção do Estado, o século XX vê nascer o geógrafo-poeta, de George. O fato é que o planejamento estatal vai conferir à geografia e ao geógrafo um dos momentos de ápice de sua história. E será o responsável pela imagem pública de saber colado às representações de mundo – a "geografia do professor", de Lacoste – e às práticas de administração do Estado, dos governos e dos negócios – a "geografia dos estados maiores" –, em suas necessidades de intervenção territorial. E essa ligação contemporânea com o Estado se torna tão forte que o destino deste se torna o seu próprio destino. O fato é que para a indústria projetada em escala mundial já não mais basta localizar. É preciso fazer da precisão locacional e do âmbito de inscrição dos grandes arranjos de espaço basicamente o ponto de partida. Já nos começos do século XIX diferentes profissionais se lançaram à tarefa de formular teorias de localização com fins de racionalizar a organização do espaço segundo as necessidades da expansão da indústria, a ponto de sua formulação passar a ser um tema comum a geógrafos e economistas. Com o advento do planejamento estatal, essa teorização sai do ponto restrito de pensar o local para pensar o regional e o nacional à luz e segundo as dimensões da escala do espaço. É assim que vemos multiplicar-se no século XX o resgate e a atualização com os novos âmbitos das antigas teorias de localização, como a teoria da localização agrária – Von Thunen, 1826 –, da localização industrial – Weber, 1909; Predohl, 1925; e Palander, 1935 –, da localização das cidades – Christaller, 1933; e Losch, 1940 –, chegando nos anos 1960 à teoria da localização da região – La Blache, 1903; Isard, 1949; e Perroux, 1969 –, desse modo amplificando e integrando aquelas teorias à tarefa de pensar o espaço em termos de leis e determinações técnicas da localização e organização dos governos e empresas em nível de grandes escalas, empreendimento em que historiadores, naturalistas, engenheiros e economistas se entrecruzam com os geógrafos. Nasce, assim, o perfil do geógrafo ainda hoje existente, identificado com a tarefa da demarcação dos espaços diferenciados a partir da arma teórica e cartográfica da teoria da região, substituída hoje pela teoria do espaço em rede.

Em todas essas fases de tempo foi, pois, a imagem de uma ciência colada ao espaço e ao mapa que se firmou na mente dos homens como o traço identitário da geografia e do seu profissional. Imagem de uma relação indissociável que ainda mais se reforça com as necessidades de grandes arrumações territoriais advindas da revolução industrial em todos os Estados e governos.

A glória e os problemas de um poeta e sua arte

Um problema, entretanto, passa a incomodar o geógrafo a partir dos anos 1950. Nessa década acontece um rápido desenvolvimento dos meios de transferência (transportes, comunicações e transmissão de energia) e nesse quadro de realidade já não basta à teoria geográfica localizar, demarcar e mapear o espaço. É preciso saber ler e entender de mudanças. De sorte que de um lado há que ter na cabeça novas ideias. De outro lado, há que ter às mãos nova câmara.

Poucos geógrafos se deram conta do significado desse novo momento. É que o mapa do mundo requerido pelo consumo industrial moderno à sua imagem e semelhança, um mapa com os dados de localização de ocorrência dos minérios e das formas de energia fóssil complementados com os da localização das formações botânicas e da fauna tem o sabor de um retrato de coisas fixas. Por todo o correr do final do século XIX e primeiras décadas do século XX, cartografar é localizar e demarcar as áreas de ocupação mineral, agrícola e industrial. E então tomar para si a elaboração dessa cartografia é a sua tarefa. É isso ser geógrafo e fazer geografia.

Por isso, é nesse período que a teoria da região ganha sua maior expressão. E ao se inserir nos órgãos estatais como agente realizador do planejamento, o geógrafo sente atingir seu estatuto de maioridade profissional. A função de fazer da teoria da localização um instrumento da identificação, distribuição e organização das escalas diferenciadas do espaço vai lhe servir nesse momento de selo de representatividade (Hartshorne, 1978b; Santos, 1978). Poeta do espaço, o geógrafo se encontra numa identidade com o Estado na tarefa deste de planejar e articular os pedaços de espaço num todo integrado, seja este todo a região, seja o próprio Estado nacional unificado. Então, vira um teórico e um técnico do Estado. Basta a este pedir-lhe uma versão territorial da teoria do planejamento e o geógrafo responde mobilizando e pondo-lhe às mãos a longa bagagem de um profissional do ordenamento dos espaços acumulada no decurso do tempo, todas as armas que o tempo lhe fornecera. Leva, então, para a elaboração dos planos governamentais, as técnicas cartográficas da inventariação, da descrição e da sistematização sobre as repartições e diferenciações dos modos de vida territoriais dos povos e seus ambientes que aprendera desde a Antiguidade. Tudo isso vazado na técnica dos relatórios detalhados, aos quais adiciona agora o poder da análise, quadro a quadro, dos estágios regionais do desenvolvimento econômico-social da sociedade moderna. E assim transforma a geografia numa ciência de síntese para o fim do plano dos grandes arranjos e a si mesmo num especialista do planejamento.

Nessa função se identifica não só no papel de efetuar o mapeamento da localização tópica desta ou daquela empresa ou empreendimento, mas sobretudo no de realizar a visualização sintética do quadro global das grandes arrumações de escala das organizações regionais.

Isso porque entende que seu papel é o de verificar o efeito da localização sobre as arrumações e diferenciações dos entornos, tudo feito à base do mais rigoroso e preciso registro cartográfico da distribuição e demarcação de áreas, embora desempenhe esse papel como componente de uma equipe múltipla, na qual, num convívio com os teóricos e técnicos tradicionais da localização e dos grandes arranjos, como historiadores, engenheiros e economistas, aí se apresenta com a função de sintetizador (George, 1973b).

Sob esse perfil, expressão poética de um capitalismo monopolista e de um socialismo de Estado triunfantes, se formam as numerosas gerações de geógrafos, filhos da teoria da localização e da teoria da região, enquanto êmulos da teoria do planejamento estatal.

Os abalos da velha senhora

Todavia, pouco atento às correntes de fundo de um tempo que o fez consolidar-se como projetista orgulhoso dos amplos espaços, o geógrafo não se deu conta das transformações que se punham a mover com o concurso de sua própria participação. É assim que será surpreendido pelos acontecimentos que se dão no mundo a partir dos anos 1960-1970, dos quais só tomará conhecimento e só irá assimilar o significado quando estes já são história passada. Só então constata que mais que localizações, os espaços são estruturas fluidas. Mas ainda levaria algum tempo para ver-se a fluidez, que entretanto só se evidencia nos anos 1980, e não o permanente (Moreira, 1993).

E ainda mais é abalado quando, nos anos 1980, a era do planejamento estatal se vai junto com a reforma do Estado.

Sua descoberta é que a paisagem do mundo mais se parece com o desenho animado de uma tela de cinema. Percebe, então, que o mapa que elabora é a representação dos espaços criados pelos movimentos do capital, cuja lógica é migrar, deslocando-se constantemente entre os ramos de menor e de maior lucratividade para incorporar-se a um novo lugar e a um novo ramo, com a mesma facilidade com que se desincorporara do lugar e do ramo que lhe permitira multiplicar-se melhor e de modo mais rápido anteriormente. Por isso o mapa já se defasa da organização real dos grandes espaços no momento mesmo de sua montagem.

É um novo aprendizado.

De uma certa forma, essa dissintonia dos geógrafos com os acontecimentos vem da sua insistência em ver o mundo como localização e não como um sistema de distribuição das coisas, como já advertira Brunhes no começo do século xx. De querer equacionar o entendimento das espacialidades a partir da lógica das localizações, e não das repartições, o que pediria que visse a localização, mas apenas para referenciar o que importa, ou seja, o jogo do movimento dos "cheios" e dos "vazios" que aqui e ali alteram a balança das distribuições, como dizia Brunhes (1962). Uma impressão reforçada pelo que eram as paisagens de até os anos 1950.

A paisagem que então vê fala de um mundo ainda parecido com a cartografia de localizações tão precisas quanto fixas do período técnico da primeira revolução industrial. Por isso, na descrição que faz do arranjo do espaço, tão bem captado pelos livros da época, como os de George, as grandes arrumações de espaço aparecem como uma pesada roda em movimento. São lentas as suas reformulações. As áreas industriais e agrícolas são praticamente as mesmas das primeiras décadas do século. Brunhes, nos anos 1930 (Brunhes, 1962), e Sorre, nos anos 1950 (Sorre, 1967), podem ainda se sentir contemporâneos das paisagens descritas nas páginas do *Princípios de geografia humana*, obra póstuma de Paul Vidal de La Blache, de 1921, em que este pode ver a superfície terrestre como um grande mundo rural e agrário, um mundo de permanências cuja exceção é o espaço geográfico norte-americano, industrial, urbano, dinâmico e mutante mercê da presença da técnica e da sua extraordinária rede de circulação (La Blache, 1954).

George é dos poucos que notam o movimento subterrâneo que aqui e ali vem à tona da paisagem para pôr em xeque a impressão cartográfica de um mundo sem mutações (George, 1968). Mas em sua maioria acostumados a lidar com teorias que falam de localizações fixas, os geógrafos acordam certa manhã e esfregam os olhos, surpresos com a agitação das paisagens em ininterrupto movimento. Em tudo, parece que a paisagem da geografia norte-americana pulara a cerca de suas fronteiras nacionais para se espalhar por todas as páginas do livro de La Blache e daí esparramar pela superfície terrestre e tornar-se a paisagem real do mundo.

E, no entanto, a fluidez do espaço é tão antiga quanto agora. Em termos modernos, nasce com a acumulação primitiva que desterritorializa e expulsa do campo para a cidade o campesinato e por meio da qual o capital começa sua vitoriosa trajetória de rearrumar geograficamente o planeta em seu proveito. Tem continuidade com as transmigrações de plantas e animais que acompanham as grandes navegações e a divisão do mundo em colônias de Portugal e Espanha, embaralhando o mapa natural dos ecossistemas. Ganha aceleração com a industrialização em níveis mundiais. E culmina com a globalização dos meios de transferência que vão levar a superfície terrestre a organizar-se não mais em regiões, mas num espaço integrado em rede. E o marco de tempo é a década de 1950, quando a era técnica da segunda revolução industrial se generaliza por todos os espaços.

É isso o que agora percebe.

Uma teoria da imagem é preciso

Sob a égide de uma incessante mobilidade territorial, a serena paisagem dos anos 1950-1960 parece esgarçar-se diante dos seus olhos. E chama-lhe a atenção nessa mobilidade que fluidifica o espaço em escala generalizada, sobretudo o papel da técnica (Santos, 1994).

É quando descobre a necessidade de contemporaneizar sua leitura teórica e técnica entre si e com as novas realidades dos espaços, inovando e atualizando suas ideias e sua câmara ao tempo que sua linguagem cartográfica.

O tema da linguagem é o problema que está no centro da questão das ideias. E também o que está no centro da questão da técnica. Isso porque está em curso uma profunda revolução dos paradigmas, em função da emergência da microeletrônica e da biorrevolução. O que significa lá e cá a necessidade de uma teoria compatível de imagem, uma vez que, dado o caráter quântico da nova era técnica, tudo se desloca no campo da teoria das representações, urgindo o geógrafo criar novos meios de experiência de espaço-tempo (Harvey, 1992) e de percepção e atitude (Moreira, 1993; Debray, 1994; e Lefebvre, 1983) diante do mundo em mudança, no qual entender e intervir nos arranjos significa saber combinar o olhar teórico das ideias e o olhar técnico da câmara, tal como no pós-guerra se dera com o surgimento do emprego da fotografia aérea. Nessa quadra, as técnicas de registro da superfície terrestre trazidas pela aerofotogrametria (dito sensoriamento remoto) já eram um requerimento de criação de uma teoria desse tipo na geografia, reiterando a necessidade de o geógrafo ler e explicar o mapa das possibilidades de ocupação dos espaços com o recurso de um conceito técnico mais desenvolvido de imagem.

De modo que explicar e representar a paisagem como um real portador do visível e ao mesmo tempo do invisível, enquanto concreticidade do mundo, é o desafio, agora oferecido numa nova face, que o geógrafo tem que enfrentar. George já chamara a atenção para esse duplo da dimensão do fenômeno geográfico (George, 1978). Visível é o plano perceptivo do arranjo, o desenho configurativo pelo qual a paisagem de imediato se nos apresenta. Para apreendê-lo, o geógrafo deve saber lidar com a trama imediata das localizações, sabendo entretanto compreender que estas são pontos de referência cartográficos necessários à compreensão do encadeamento da organização do espaço (ou, mais precisamente, daquilo que por meio dele se organiza) e cuja dinâmica é o que precisa apreender. Invisível é o plano do para além do visto e do dito, plano metafísico da estrutura das relações que se manifestam nos padrões formais do visível, e que só alcança com o recurso do pensamento.

No curso do tempo, foi a dialética desse trânsito entre esses níveis o problema teórico e técnico que desafiou o geógrafo e de novo o desafia agora. Explicar o oculto por meio do aparente, sem cair no simplismo da mais tradicional das metafísicas, sempre foi o dilema de quem lê e representa o mundo por meio da paisagem, seja ele o geógrafo, o cineasta, o pintor ou o poeta. Um dilema intelectual agravado em face do caráter histórico desses níveis, sempre relacionados aos momentos sociais e técnicos do tempo. Donde a dificuldade de situar no plano da história o sentido concreto e conceitual da imagem, enquanto expressão maior do tempo.

E este é o sentido real do desafio que agora se apresenta, num tempo em que o princípio da incerteza se torna a base do entendimento, seja da estrutura quântica da natureza, seja da estrutura fluida da organização espacial da sociedade, obrigando o geógrafo a ter de trazer para esse campo relacional da sociedade e da natureza (a antiga e clássica relação homem-meio da geografia) a tarefa de reinventar seus meios de representação e de entendimento. E já sabendo de antemão ter de passar esse reinvento pela criação de uma teoria da imagem capaz de dar conta de explicar o visível pelo invisível e, vice-versa, o invisível pelo visível, entrelaçando o visto e o dito dialeticamente. Pois é a criação do conceito o que se lhe coloca no novo tempo como exigência.

Um expediente útil para tal reinvento seria resgatar o conceito de imagem com que o geógrafo operou nos diferentes momentos do tempo. Oculto certamente no conceito da paisagem enquanto nome concreto da imagem na geografia. Nisto deve-se distinguir a teoria da imagem da tecnologia da imagem, isto é, a ideia da câmara. Dos desenhos de campo à descrição dos arranjos e ao conceito de espaço, desfilariam as formas de ideia no tempo. E desses mesmos desenhos, vistos no croqui, à fotografia aérea e às imagens de satélite, provavelmente as formas de câmara.

Sabemos não ser uma tarefa tão fácil. Até porque tudo depende de saber fazer o percurso das mediações. A bibliografia e a fonte documental são das mais precárias. Um bom exemplo é o recente passado. Quando a indústria exigiu a emergência do planejamento estatal e o Estado requereu seu suporte teórico e técnico, o geógrafo respondeu com a teoria e o método regional. Nesse mister, a teoria dos grandes arranjos e a tecnologia da fotointerpretação fizeram um casamento quase perfeito. Quando agora é o tempo dos espaços fluidos, quem a ele faz igual requerimento, é preciso que tenha igual sentido de coerência.

Essa percepção não vem, portanto, de imediato. Precisar-se-á de um momento para se entender que o corpo teórico (a nova ideia) e o corpo técnico (a nova câmara) provavelmente, como agora, já existem, faltando, porém, entrosá-los. O fato é que o encontro entre a câmara e a ideia é lento. Nem sempre os encaixes geográficos se dão a contento. E é preciso que a câmara e a ideia se encontrem.

Novas ideias na cabeça, nova câmara nas mãos: mas e o encaixe geográfico?

E aqui se localiza o grande problema: a geografia atual recalibrou suas ideias (vem se renovando teoricamente desde os anos 1970) e igualmente sua câmara (desde 1970 vem igualmente renovando sua tecnologia da imagem). Mas fez a renovação acompanhar-se de uma cartografia presa ainda a velhos conceitos (e preconceitos) de teoria da imagem. A essa cartografia chega a soar estranho que alguém fale de teoria das imagens, tão impregnada se encontra de que a imagem é um sensível já dado (e um assunto do sensoriamento remoto!).

Daí que o geógrafo caia frequentemente no fetiche do poder da técnica. No passado, achou que a fotointerpretação era a interpretação da foto, quando era a descrição do que estava fotografado. No tempo da geografia quantitativa, achou que a câmara bastava. E hoje acha que basta o programa de geoprocessamento. O problema é que nem a fotografia aérea, nem os modelos quantitativos e menos ainda o programa de geoprocessamento pensam e interpretam o mundo por si mesmos (não é o geoprocessamento que processa o geo – o real-espacial –, mas o geo – a teoria geográfica – que processa o geoprocessamento).

A questão se estabelece porque vem do fato de que é preciso responder teórica e tecnicamente ao que é uma forma de percepção e de atitude – Harvey (1992) fala de experiência do espaço-tempo – diante da realidade mais complexa (fluida e de novo conteúdo do espaço) da nova era técnica que nos cerca. O velho modo de olhar preso na apreensão fixa das localizações, as velhas técnicas de descrição e a velha linguagem cartesiana dos mapas perderam seu charme.

Trata-se, portanto, de criar uma base teórica e técnica integrada e nova, expressão de uma teoria de representação que, reafirmando a função geográfica da cartografia, traga a teoria da imagem para os paradigmas espaciais do presente. Alguns passos para isso parecem importantes. O primeiro certamente é converter o discurso sobre as paisagens num corpo de linguagem conceitual que as veja como uma realidade em movimento. Isso desde os anos 1970 vem acontecendo. O segundo é realizar esse mister em simultaneidade à criação de uma forma de cartografia que fale a mesma linguagem da teoria geográfica. E esta é uma defasagem não enfrentada e que fermenta e cresce. A evolução da semiologia em curso no mundo das artes – um campo de discurso têmporo-espacial tanto quanto o é a geografia – tem tudo para ser a dica. E supõe-se já ter sido resolvido o problema do conceito de imagem, numa solução coerente com a revolução das ideias e técnicas concernentes com a nova realidade da organização do espaço.

Perfil e poesia numa era de simulacro

A fluidificação das paisagens mudou a organização do espaço e a forma de percepção de mundo do geógrafo. E, assim, pediu que este mudasse o seu modo de apreendê-las, exigindo-lhe novas ideias na cabeça e na mão um novo tipo de máquina.

Para representar o mundo dos anos 1950-1960, as técnicas da fotointerpretação, da observação de campo, da entrevista e do tratamento estatístico que viravam mapas nos trabalhos de gabinete eram suficientes. O geógrafo dispunha do que era suficiente para fazer desabrochar seus relatórios. A descrição das paisagens cujo destino era a mesa das secretarias de planejamento do Estado por si só bastavam. Mas para operar a síntese de um mundo de localizações cada vez mais fluidas e globais, aquelas formas de técnica e de descrição já não bastam. A paisagem de fluidez global requer para sua leitura e descrição o uso de meios teóricos e técnicos que operem com a análise de uma quantidade infinita e acumulada de informações, dada a simultaneidade com que os fenômenos acontecem. E a sua assimilação pode ser feita em escala imediatamente planetária. Daí George propor o conceito de situação (George, 1973b), Lacoste, o de espacialidade diferencial (Lacoste, 1988), Harvey, o de compressão do espaço (Harvey, 1992), Milton Santos, o de forma-conteúdo (Santos, 1994) e Ab'Saber, o de refúgios (Ab'Saber, 1988).

E se faz urgente forjar uma nova teoria de imagem. Porque se de um lado todas as referências do antigo paradigma de imagem entraram em crise, por outro lado tudo faz do nosso tempo o tempo da imagem. São as imagens que fazem nosso discurso contemporâneo, e como falsa representação, um simulacro, e assim com um poder maior ou tão grande quanto o poder das ideologias no passado recente, denunciado por Baudrillard (1981).

Em todas as mudanças passadas o geógrafo viu o perfil da geografia e da sua identidade profissional se redefinir, acompanhado da reafirmação da sua capacidade de ler e explicar o mundo a partir da leitura do significado das imagens presentes na paisagem. Esse perfil e sua coerência nas mudanças é o que manteve a si e à geografia sobrevivendo como saber dos mais úteis no tempo, mercê de uma mudança que altera e preserva a coerência da sua personalidade.

Seu desafio: saber ler o sentido e o significado do que dizem as imagens, que fazem do espaço a categoria por excelência de explicação do mundo como história. Desafio de mudar sempre de novo. E com isso habilitar-se à contemporaneidade espaço-temporal da sociedade do presente.

Nota

Texto de palestra realizada na AGB-Niterói em maio de 1993 e publicado no *Boletim Fluminense de Geografia*, ano II, volume 1, número 2, da AGB-Seção Niterói, 1994.

A RENOVAÇÃO DA GEOGRAFIA BRASILEIRA NO PERÍODO 1978-1988

Este texto foi escrito em 1988. Animou-me escrevê-lo a expectativa da realização, no Encontro Nacional dos Geógrafos daquele ano, de um balanço de um decênio que, afinal, revolucionara com suas ideias a geografia no Brasil, com reconhecidas repercussões no exterior. A década, todavia, passou em branco no Encontro da AGB. E o destino deste texto foi a gaveta. Até que, por gentileza da editoria, o Boletim Prudentino de Geografia publicou-o em 1992.

Imperfeições de narrativa e uma vontade permanente de dar-lhe um estilo de redação mais impessoal alimentaram a ideia de reescrevê-lo e reeditá-lo. Mesmo porque monografias de graduação e teses de mestrado e doutorado foram aparecendo aqui e ali num ensaio de interpretação e análise deste ou daquele aspecto do período, com o significado de uma espécie de cobrança de pronunciamento a seus participantes, reforçando esse projeto.

O falecimento de Armando Corrêa da Silva, e o desejo de homenageá-lo, tornou essa reedição uma tarefa inadiável.

Evitando que o olhar de hoje traia o olhar de ontem, reedito-o com o mesmo tom de relato que pusera na edição prudentina. Mantenho a estrutura, a forma e o conteúdo com que foi publicado no Boletim Prudentino de Geografia, mas aproveito para retirar-lhe aspectos meramente de conjuntura e explicitar formulações que apareceram truncadas naquela versão (o leitor que desejar, pode consultar a edição do BGP). Torço para que outros tantos relatos, enfim, apareçam, sequenciando uma prática em que, até nisso, Armando foi pioneiro.[1]

A redescoberta da geografia

Desde 1978, nominadamente, o pensamento geográfico brasileiro passa por um processo interno de questionamento, renovação discursiva e intenso debate. É fundamental relembrar o que estava em questão no período.

É evidente que a renovação de uma ciência está em linha de relação direta com a consciência que os seus intelectuais têm das questões que a história a ela está pondo, colocando-a em crise. Todavia, nem sempre o movimento começa por localização, arrolamento e identificação, o mapeamento, enfim, das questões que lançam os intelectuais dessa ciência, consciente, consistente e objetivamente, ao seu enfrentamento. Mas a possibilidade real de transformação da ciência, tal como de uma sociedade, é a consciência desses intelectuais acerca das coisas postas.

A leitura minuciosa dos trabalhos produzidos no decurso do período nos leva a indagar se sempre se soube da coisa posta, se está claro de que questão se está falando e da pertinência da fala. A impressão mais forte que emana da leitura dos textos é a de uma intelectualidade sem a lista transparente dos problemas que enfrenta. E, sobretudo, em face de que esses problemas tornaram-se uma questão. Assim, a natureza e o objeto da geografia, para exemplificar com o tema mais ubíquo, que problema exatamente é e que questões coloca? Idem o tema da região. Ou a dicotomia homem-meio. E tantos outros.

Descontextualizados de um mapeamento pré-indicativo desses temas e fluidos quanto aos centros de referência que balizam e articulam seus discursos num nexo estrutural, esses textos mais lembram navios à busca de um rumo que baterias de fogo concentrado sobre alvos perfeitamente definidos.

O encontro de 1978 da AGB

Quando, em 1978, os geógrafos brasileiros reúnem-se em Fortaleza, no 3º Encontro Nacional de Geógrafos (ENG), da AGB, a geografia brasileira vivia já um estado de grande ebulição. E isso pelo menos desde 1974. Nos vários cantos do país, movimentos de crítica e renovação, espontâneos, difusos e, portanto, sem hegemonia nacional vinham acontecendo. O 3º ENG ensejou o olhar recíproco, o conhecimento dos protagonistas uns dos outros, a conscientização dos descontentamentos que promovem a necessidade das mudanças e a aglutinação das ideias que precipitam a crise da ciência.

Essa ebulição e a convergência de consciências e ideias que então aconteceu em 1978 deixaram vários registros, mas esse é um tema que até agora não mereceu um estudo mais sistemático. Seu lado documental pode ser encontrado nos prefácios das revistas, resumos dos anais da AGB, textos de coletâneas, encontrados aqui e ali e ainda dispersos.

O papel seminal de Lacoste e Lefebvre

De imediato se percebeu que a crise era mundial, como já fora anunciado no *A geografia* por Yves Lacoste.[2] Lacoste já era nosso conhecido por seus trabalhos dos anos 1950-60 sobre o subdesenvolvimento.[3] Amplamente utilizados nas escolas secundárias, seus livros são lidos junto aos de George, a cujo grupo aparece associado, o chamado "grupo da Geografia Ativa". Basta uma consulta aos livros didáticos e apostilas dos cursinhos da época (nos quais a maioria de nós trabalhava, pois só ali se podia burlar o livro negro da repressão, executado pelo Estado por meio da lista de empregados a ele obrigatoriamente fornecida pela direção das escolas), para atestar-se o fato de que, menosprezada pela academia, a geografia georgeo-lacosteana[4] é a que chega à sociedade mais ampla. E, portanto, a que está na cultura do estudante universitário e do professor secundário de geografia. Pode-se, por isso mesmo, calcular o enorme interesse e rebuliço que *A geografia*[5] provoca. Ainda mais quando ao texto vem somar-se o livro com que Lacoste o desdobra, *A geografia serve antes de mais nada para fazer a guerra*, título da edição portuguesa, publicado em 1977. Ambos, texto e livro, explodem no ambiente carioca como um petardo.[6]

O que mais chama a atenção em *A Geografia*, à parte a fina ironia de Lacoste, é o rol dos problemas e questões centrais que ele faz desfilar através de suas páginas, todos eles pontos de crítica que tornar-se-ão bases essenciais da renovação da geografia: a indigência dos fundamentos (a questão epistemológica), a falência do "projeto unitário" (a questão da dicotomia homem-meio), a farsa da neutralidade-ingenuidade científica (a questão ideológica), a fragilidade discursiva (a questão teórico-metodológica), a propensão ao gueto (a questão do isolamento disciplinar), o envolvimento classista (a questão da "geografia do professor" e da "geografia dos estados maiores"), o sentido político (a questão militar-militante da práxis), a inatualidade linguística (a questão da representação cartográfica) etc. Em *A geografia serve antes de mais nada para fazer a guerra*, esse rol de problemas vira um conjunto de proposições, de que a tese da espacialidade diferencial, um conceito que localiza na ultrapassagem do discurso da região ("um poderoso conceito obstáculo") a fonte da autonomia de voo da teoria e do método geográficos, é o arremate-chave.[7] Assim, nada podia contrastar mais com a relativa pobreza da geografia que se ensinava, denunciar o envolvimento da geografia universitária do momento, a teorético-quantitativa, com a guerra do Vietnã, chocar nossa consciência de professores e estudantes engajados na ação política daquele tempo e alertar para o caráter contraditório entre a prática de esquerda e o discurso conservador, que no fundo era essa "geografia do professor" praticada por nós, que o conteúdo crítico das propostas que ambos os textos traziam.

O incrível em tudo isso é o destino que vai ter *A geografia*. É matéria de mistério a trajetória desse texto-ensaio entre nós. De um libelo de extraordinária clareza dos nossos problemas e questões centrais, acabou sendo ele tomado como um puro texto de agitação. Parece inacreditável que não o tenhamos entendido quanto ao que era, um verdadeiro programa de ruptura conceitual.[8]

Mas o bombardeio de Lacoste não vem sozinho. Junto a ele vêm os textos de Henri Lefebvre. Se com Lacoste somos levados ao problema ideológico-político da questão do espaço, com Lefebvre somos transportados ao do seu estatuto teórico. Com um tom distinto do estilo irônico e solto de Lacoste, Lefebvre esmiúça os fundamentos da compreensão marxista do espaço, tomando como ponto de partida a cidade.

Teve particular efeito o livro *A reprodução das relações de produção*,[9] obra de 1973 (mesmo ano da edição francesa), editado pela Publicações Escorpião, Lisboa. Efeito maior que o dos próprios livros sobre o espaço urbano, da Ediciones Península.[10] Aqui, Lefebvre toma o espaço como foco do seu olhar, apresentando-o como a categoria que comanda a reprodução da estrutura global da sociedade a partir da reprodução das relações de produção. Isto é, o espaço como a categoria do real que se aqui é determinado, emerge logo a seguir no vir a ser como determinante, numa dialética de relação sociedade-espaço que faz do espaço uma categoria estruturante e dinâmica da sociedade na história.

Fazendo uma reflexão para nós até então inusitada sobre o espaço, Lefebvre fornece no plano teórico o fundamento para aquilo que Lacoste fizera no plano institucional e epistemológico do discurso geográfico. Abrem ambos assim para a crítica interna às duas correntes então vigentes na geografia: a funcionalista e a neopositivista.

As revistas de geografia

Entretanto, as obras de Lacoste e Lefebvre têm essa repercussão porque encontram um ambiente propício, previamente criado pelas revistas, que se multiplicam em profusão nesse momento e são o "solo epistemológico" da renovação.

O papel dessas revistas foi fundamental. É fato que em todo processo de ruptura, a ação dos grandes corpos de batalha, esses "exércitos clássicos", pesados, que são os livros, necessita da ajuda do trabalho leve dos pequenos e ágeis grupos de guerrilha que são os textos das revistas. É através das revistas que em geral se toma o primeiro conhecimento do que está circulando nos embates. Portadoras em geral de ensaios, elas cumprem o papel de agitar as ideias, reciclar o vocabulário, ecoar os paradigmas, pavimentar a nova fronteira, mobilizar os intelectuais para a novidade dos debates. Por meio delas, os velhos assuntos se reciclam e os novos são assimilados pela trama das novas informações e ideias, contemporaneizando-se com elas. Isso porque as revistas são as caixas de ressonância dos temas em voga e os levam a transbordar para além das próprias fronteiras acadêmicas.

Foi esse o papel cumprido por *Antipode, Herodote, Boletim Paulista de Geografia, Território Livre, Contexto, Temas de Ciências Humanas, Encontros com a Civilização, Vozes*, revistas que costuraram o imaginário das novas ideias e alimentaram o circuito das mudanças, como Milton Santos esclarece na resenha-balanço "Sobre geografia nova, nos periódicos", que escreve especificamente para o número especial da *Revista de Cultura Vozes* que preparamos quando o debate da renovação já avançava.

Milton Santos e a historicidade do espaço em *Por uma geografia nova*

É quando entra em cena *Por uma geografia nova: da crítica da geografia a uma geografia crítica*, livro lançado no Encontro de Fortaleza, em 1978. Um livro com o qual Milton Santos traz para o movimento aquilo que lhe faltava: a base substantiva e sistemática das ideias.

Como que num repente, a noção da historicidade do espaço é internalizada na geografia e o conceito de espaço geográfico ganha nova cara.

Ao longo desse livro, descobre-se com Milton Santos que a sociedade é o seu espaço geográfico e o espaço geográfico é a sua sociedade. Ora, se o espaço tem essa natureza, seu modo de entender muda de todo. Mais que isso: se é ele o objeto da geografia, então na geografia tudo muda.

Não se limitando a apresentar a historicidade do espaço como uma pura tese, antes tomando-a como uma noção de base, Milton Santos submete o discurso geográfico a uma completa releitura. E isso numa extensão que vai da crítica epistemológica à teoria do objeto. Milton Santos insere a geografia no debate intelectual maior, enfronhando-a com os embates políticos e filosóficos que naquele momento agitam o mundo das ideias. Faz dos seus temas um tema da geografia. E vice-versa.

Os pensamentos neopositivista e estruturalista são hegemônicos no meio intelectual nesse tempo. Dominantes nas páginas das revistas e teses universitárias, por meio delas fazem dominantes suas teorias anti-históricas. Todavia, justamente nesse momento de auge, essa hegemonia começa a perder força. Declarada morta, a história aparece nos protestos estudantis de maio de 1968, na escalada da guerra do Vietnã de 1972 e na crise do petróleo de 1973. É esse sentido histórico – sua historicidade – do espaço e do próprio pensamento geográfico que com Milton Santos aparece. A intelectualidade "redescobre" a história. E através de Milton Santos chega aos intelectuais da geografia.

Mas a crítica da morte da história floresce na geografia na forma da crítica estruturalista à roupagem doméstica do neopositivismo, a geografia teorético-quantitativa. Como não chegara a formar-se na geografia uma escola estruturalista, como acontecera em praticamente todas as demais ciências humanas, nela, ao contrário, o pensamento estruturalista chega como novidade e irá encontrar campo de circulação. De modo que sua visão histórica é que instrumentará a crítica ao anti-historicismo positivista.

Na geografia neopositivista, a morte da história dera-se na forma da redução do espaço a um mero discurso de pontos e linhas. A uma ideia de espaço só com forma, despojado de conteúdo. Fala-se nela de pontos, querendo-se falar de cidades. E fala-se de linhas, querendo-se falar de rede e fluxos de transportes. O que, todavia, é a cidade e o que é a rede de transportes, o que exprimem como formas de realização da história, disso não se cogita.[11] A visão estruturalista do espaço como instância trazida à geografia por Milton Santos oferece o elemento essencial à crítica da abordagem neopositivista, embora nela o sujeito da história, contraditoriamente, seja sublimado.

Alheios ainda a esse problema, os protagonistas da ebulição de imediato se reconhecem no livro de Milton Santos. Ocorre a assimilação e a identidade recíproca que fazem do livro indiscutivelmente a referência da renovação, o discurso sistematizado que ela procurava. Há um processo de crítica que antecede a 1978, cresce e se autoalimenta no seu próprio movimento. Mas o movimento é vago e o protesto genérico. Falta-lhe o conteúdo crítico explícito. É isso o que lhe traz o livro de Milton Santos. O que no geral aparecia como evidente, na particularidade dependia do toque certo que esclarecesse o novo. E foi esse o papel cumprido pelo livro de Milton Santos.

Quaini, história e natureza em *Marxismo e geografia*

Um terceiro momento, por fim, está a caminho com o livro *Marxismo e geografia*, de Massimo Quaini.

Se a contribuição de *A geografia serve antes de mais nada para fazer a guerra* é a descoberta da ideologia e da epistemologia e a de *Por uma geografia nova* é a descoberta da historicidade do espaço, a de *Marxismo e geografia* é a elucidação da essência do conteúdo do espaço geográfico na dialética da historicidade da natureza e naturicidade da história. Assim, se no livro de Milton Santos somos despertados para a interação sociedade-espaço como uma relação histórica em que cada sociedade se organiza na medida da organização do seu próprio espaço, no de Quaini somos elucidados quanto à transformação da relação homem-meio em espaço como a essência do processo geográfico.

Quaini vê a relação homem-meio moderna à luz da desapropriação do campesinato, isto é, do movimento da acumulação primitiva do capital, vendo na desterritorialização a forma da sua expressão geográfica. E elucida desse modo o processo espacial pelo qual a história salta da fase das *sociedades naturais* para a fase das *sociedades históricas*, ao clarificar como por seu intermédio a relação homem-meio vira relação capitalista da natureza e espaço do capital.

Milton Santos já havia trazido para a geografia a questão da natureza como uma questão histórica das sociedades, na forma spinozista da *natura naturans* ("a natureza tal qual ela está agora, isto é, no tempo 1") e *natura naturata* ("a natureza como ela se apresenta no tempo imediato, ou tempo 2"), que ele exprime na fórmula da *natureza natural* e *natureza socializada*. Quaini põe essa questão dentro do movimento da acumulação primitiva, apresentando-a como o tema da constituição territorial (reforçando a tese da desterritorialização de Deleuze-Guattari, que logo a seguir, em 1984, iríamos conhecer na sua fonte direta, *O anti-Édipo*, e utilizar em nossa dissertação de mestrado) da sociedade moderna na história.

A construção do espaço aparece então em Quaini como o processo da alienação do trabalho – o trabalho concebido no sentido do metabolismo homem-natureza, de Marx –, aspecto já igualmente desvelado por Milton Santos em sua teorização do espaço como fetiche, mas não apresentado ainda com uma clareza tão explícita. De modo que a discussão teórica logo se desdobra e ganha o caráter de uma reflexão sobre a ontologia do espaço, com Armando Correia da Silva, o primeiro dentre nós a fazê-la.

A soma Lacoste, Milton e Quaini: a geografia descobre Marx

As temáticas do marxismo e da renovação da geografia cruzam-se, portanto, nesse momento. Proximidade de onde é tirada a ideia generalizada do marxismo como a base filosófica e político-ideológica da renovação. Ideia generalizada, porém falsa: há marxistas, há quem passe ao largo do marxismo e há mesmo antimarxistas entre os envolvidos no processo da reformulação da geografia.

É um fato que os geógrafos "descobrem" Marx (as noções de concretude histórica dos fenômenos e da relação homem-meio como uma relação metabólica passada entre o homem e a natureza são uma concepção de mundo essencialmente marxista), um autor amaldiçoado em toda a longa história do pensamento geográfico, e em face da força das ideias dos livros de Lacoste, Milton e Quaini, sem esquecer-se Lefebvre. É um fato também que o entrelaçamento entre historicidade e espaço é já o tema privilegiado das revistas e dos livros que ressoam os ecos do vaivém de crítica e autocrítica que fermentam no ambiente interno do marxismo envolvendo o estruturalismo de Althusser e a teoria do Estado e da cultura de Gramsci, as componentes da desestalinização do marxismo, um debate que chega ao grande público, mas só por meio desses livros chega à geografia.

Mas é preciso dizer que se um inédito processo de refundição marxista ocorre por dentro da renovação da geografia, a renovação, todavia, não se confunde com o marxismo e os geógrafos de formação marxista. Até porque, verdadeiramente, o que há é um movimento plural, convergente apenas no que toca ao descontentamento, a todos comum, que existe em relação ao discurso geográfico vigente.

Prova tal caráter de um movimento múltiplo a bibliografia múltipla que aparece junto à renovação. Um exemplo é *Espaço e ciências humanas*, de Tonino Bettanini, um livro de claro matiz fenomenológico, publicado pela Editora Paz e Terra, a mesma dos livros de Quaini. E, ainda, *Perspectivas da geografia*, uma coletânea organizada por Antonio Christofolleti, apontando para matrizes marxistas (Peet, Santos, Harvey, Soja), fenomenológicas (Tuan, Buttimer, Lowenthal, Guelke, Relph) e positivistas (Christofolleti, Pred). O próprio Lacoste, a rigor, não é marxista.

É verdade que respirando um ar impregnado da crítica marxista aos neopositivistas, a renovação da geografia nasce tatibitateando a linguagem marxista de

Lefebvre, Althusser, Gramsci e Lukács, este último trazido à renovação por Armando Correa da Silva em suas reflexões sobre a ontologia marxista.[12] Contudo, a vertente marxista, mesmo que hegemônica, é, entretanto, uma vertente.

O grave no caso é que a identificação da renovação da geografia com a crítica dos marxistas leva ao empobrecimento de ambas. A redução de um movimento de muitos entrecruzamentos a uma única face (prática natural num saber de cultura historicamente monolítica), superficializou o processo da renovação. E impediu que se visse a década de 1970 como o marco de emergência de uma realidade plural na geografia. Ora, essa é a década do florescimento de uma vertente marxista na geografia (depois da tentativa do "grupo da geografia ativa", nos anos 1960) mas igualmente das formas fenomenológicas, como se vê na coletânea de Christofolleti. E isso prejudicou o florescimento de uma vertente marxista consolidada, bloqueando-a em sua chance real de acontecer. Exclusivizada, a vertente marxista ganha a fama, mas ela mesma efetivamente pouco vinga.

É irônica, por exemplo, a pouca importância que os próprios geógrafos de formação marxista emprestam a *Marxismo e geografia*. Texto efetivamente referenciado como uma obra marxista, esse livro teve circulação menor que a devida entre os próprios marxistas. E a desatenção é mais gritante e patente com a *Construção da geografia humana,* livro escrito por Quaini utilizando material recolhido para a escrita do primeiro, no qual tece a mais estimulante releitura da trajetória histórica do pensamento geográfico do período de um ponto de vista marxista, pondo suas origens modernas no Iluminismo. Em Kant, pois, e não em Humboldt-Ritter, uma interpretação conhecida desde as pesquisas de Richard Hartshorne.[13] Quem nele se referenciou ou quem o leu?

O fato é que no período que se estende de 1974 a 1979 lançou-se, com a publicação de *A geografia* e *A geografia serve antes de mais nada para fazer a guerra*, de Lacoste, *Por uma geografia nova*, de Milton Santos, e *Marxismo e geografia*, de Quaini, o que seria a bibliografia básica da renovação. Reuniu-se o essencial das questões e ideias. Formulou-se o roteiro da mudança.

Mais que isso, elencou-se os pontos-chave de uma recriação. Aí estão: o tema do projeto unitário, de Lacoste; a teoria do espaço como história, de Milton Santos; e a tese da construção do espaço como a chave constitutiva da alienação do trabalho (Deleuze e Guatarri vêm na desterritorialização, isto é, a acumulação primitiva, a origem da esquizofrenia no capitalismo), de Quaini. Ideias que vão aparecendo na sequência espontânea com que a trilogia foi sendo publicada, como se fora obra de um demiurgo.

Curiosamente, essa sequência é a mesma do trajeto intelectual, trilhado porém no sentido inverso, que leva Marx a fundar o materialismo histórico. Em Marx, o caminho vai do *Manuscrito de 1844* a *O capital*. Na renovação, este vai de *O capital* para o *Manuscrito*. Toda a reflexão de Milton Santos, Lefebvre e Lacoste sobre o espaço parte de *O capital*. E não por acaso, o *Grundrisse*, elo que costura o trajeto de Marx, é a base do livro de Quaini. E ambos os trajetos trilham nesse desenho a linha da radicalidade que aponta para uma ruptura.

O roteiro da ruptura: 1 – os temas da presença

Que progressão foi essa? Naturalmente, não foi a de uma linha reta. Mas a de um movimento cheio de sinuosidades. Começa-se com a crítica do discurso existente, seu sentido ideológico, seu envolvimento institucional e político, seu estatuto epistemológico. Desconfia-se de um imbricamento ontológico. Pergunta-se sobre o sentido de sua real utilidade. Projeta-se sua viabilidade prática. E culmina-se na mudança substancial do conceito de espaço. Mas, ao fim, avança-se desigualmente no tema do *projeto unitário*, reclamado por Lacoste, do *dessecamento do fetiche do espaço*, requerido por Milton Santos, e do *desvelamento da alienação classista dos ordenamentos espaciais* da sociedade moderna, propugnado por Quaini.

Por certo que houve no roteiro avanços e insuficiências. Decorrência, vemo-la hoje, de presenças e ausências. Presença de temas que se pensava evidentes. Ausência de inserções sem as quais nada se muda na geografia. Quais foram elas? Que determinações nisso atuaram?

Sete temas, principalmente, centralizaram as atenções, os esforços de redefinição e o foco da análise crítica. E sobre eles se avança. São eles: o tema da ideologia; da epistemologia; do sujeito; da sobredeterminação e do ser do espaço; e da questão geográfica.

A crítica ideológica

O primeiro momento da renovação foi o da crítica ideológica. É a fase lacosteana da renovação: denúncia da *geografia do professor*, o discurso do saber "neutro, inútil, ingênuo e desinteressado", discurso que esconde na "paisagem-espetáculo" a face do seu real comprometimento, e denúncia da *geografia dos estados-maiores*, o saber "estratégico" e circunscrito ao domínio dos que lidam com o espaço (daí a preocupação de Lacoste com o mapa) como arma de construção de hegemonias de uns poucos sobre os muitos.

Crítica ideológica que já nasce com cara de crítica política: a *geografia do Estado*, praticada pelos organismos militares e do grande capital, levantada por Lacoste, e a *geografia oficial*, praticada pelos departamentos universitários e órgãos do planejamento estatal, levantada por Milton Santos.[14]

Em ambas as nomenclaturas transparece a denúncia do vezo histórico da geografia de um saber sempre colado com o poder. Poder macro do Estado e poder micro das instituições capilares da ordem, que fazem da geografia uma forma de saber simples, inútil e ingênua, mas só na aparência, diz Lacoste, por tratar-se de um poderoso recurso de inculcação de ideias que convergem aqui para a legitimação do Estado e ali para a consolidação dos símbolos de representação da ordem. A exemplo da ideia do nacional, tão colado ao imaginário do mapa, e que faz da escola um poderoso veículo de ideologização. Mas também da arquitetura monumental com que se constroem os edifícios funcionais da burocracia do Estado, destinados a passar, pela monumentalidade, o imaginário de uma instituição forte, sobranceira, onipotente, sobretudo poderosa.

A crítica epistemológica

Mas foi também o da crítica epistemológica. Isto é, o mergulho necessariamente mais profundo até o âmago do trançado epistêmico no qual os discursos nascem e acadêmica e institucionalmente se legitimam.

Tal é o que faz Lacoste, quando adverte que "o problema ideológico parece estar no cerne do problema epistemológico da geografia", alertando para a necessidade do enfrentamento crítico simultâneo da frente ideológica e epistemológica. Ou Milton Santos, quando diz que "sempre, e ainda hoje, se discute muito mais sobre a geografia que sobre o espaço, que é o objeto da ciência geográfica", reclamando por uma atitude de centração da crítica nessa direção, ao proclamar que "nossa ambição é fornecer, ao mesmo tempo, a explicação da realidade espacial e os instrumentos para sua análise. Acreditamos que uma teoria que não gera, ao mesmo tempo, a sua própria epistemologia, é inútil porque não é operacional, do mesmo modo que uma epistemologia que não seja baseada numa teoria é maléfica, porque oferece instrumentos de análise que desconhecem ou deformam a realidade".

De forma que a renovação começa com a denúncia ético-finalista de um saber posto secularmente a serviço do poder e dos poderosos, e daí avança rumo aos seus fundamentos. Tudo alicerçado na própria matéria-prima oferecida pela trilogia bibliográfica básica. Toda a segunda metade de *Por uma geografia nova*, a partir do capítulo x, é rica massa crítica nesse sentido. Idem os capítulos sobre a espacialidade diferencial, de *A geografia serve antes de mais nada para fazer a guerra*. E, mais ainda, toda a reflexão analítica sobre o trabalho alienado, do *Marxismo e geografia*.

Foi aqui onde a renovação melhor se houve. Mas onde também um poderoso bloqueio se ofereceu.

A indagação do sujeito, a sobredeterminação e o ser do espaço

É que a questão da radicalidade mais funda da crítica é impossível fora da reflexão sobre o sujeito que indaga.

Se é verdade que a crítica descobriu a historicidade e a alienação do espaço, deve aclarar agora o problema do sujeito da história, sem o que o sentido desta fica inexplicado. O fato é que o geógrafo descobre a história, descobrindo seu fundamento mais simples: o de que ela é produto de sujeitos. Mas conjugar o sujeito como verbo parece-lhe difícil. Embora seja um tema que pareceu ter ele em vários momentos respondido.[15] Não é uma reflexão sobre o sujeito em sua relação com o objeto a questão do possibilismo *versus* determinismo? E o que é o sentido do discurso da relação homem-meio, senão um modo de falar da relação sujeito-mundo? O que dizer do discurso do visível-invisível da reflexão pierregeorgeana sobre o método? E bem ainda do significado de a categoria da cultura ocupar um lugar tão permanente no discurso lablacheano da região ("a efígie cunhada de um povo"), de que fala La Blache ao falar do homem como "um ser contingente"? Tudo evidencia para os clássicos que os olhos que contemplam a paisagem são os da subjetividade humana, colocada diante de si mesma e interrogando-se sobre se não é a sociedade senão uma construção espacial do homem em sua relação de transformação do meio.[16]

Mas descobre-se agora que não é tão fácil falar do sujeito na geografia.

Sempre se falou em grupos sociais e poder do social, mas o espaço foi sempre ele o sujeito. A renovação vai identificar aí a raiz do positivismo. E Milton Santos fala do fetiche do espaço. Todavia, num saber em que o espaço foi sempre tomado como sujeito da história, como em afirmações do tipo "a organização da sociedade pelo espaço", como inverter a ótica?

A aparente solução desse problema vem na forma da sobredeterminação. A fórmula é a relação de reciprocidade histórica do espaço e da sociedade em que a determinação se dá na troca dialética do determinado e determinante analisada por Lefebvre e por Milton Santos. E que faz a vez da relação sujeito-objeto, em que o espaço, uma vez criado como objeto pelos sujeitos no processo de criação da sociedade na história, se reverte por sua vez em criador dos próprios sujeitos da sua criação.

Tanto Milton Santos quanto Lefebvre haviam clarificado essa relação recíproca em que sociedade e espaço, relacionados enquanto um par sujeito e objeto, interagem como determinação recíproca um do outro no movimento contínuo de produção e reprodução da sociedade humana na história. E está implícito nessa concepção – um truísmo na teoria marxista da história – que o objeto só o é dentro da relação com o seu sujeito, e vice-versa. Mas se esta é uma relação clara pelo lado da sociedade, óbvia na condição de sujeito, difícil é vê-la pelo lado do espaço. Muito embora se tivesse como certa a relação dialética de sujeito e objeto como um par – de outro modo ter-se-ia a situação absurda de o objeto ser sujeito e objeto dele mesmo –, no limite o tema do sujeito ficou subalterno à discussão do objeto. Permanece o problema do espaço como fetiche.

Talvez por conta dessa dificuldade, ganha terreno o debate ontológico. Indaga-se pelo ser do espaço, um tema levantado por Armando Corrêa da Silva na esteira de uma renovação formulada como uma economia política do espaço.

A busca da questão geográfica

Mas há uma questão geográfica? Há na geografia o tema-problema que faça a sociedade ver nele uma questão? Então, sob que forma e com que código de linguagem aparece? De que modo fenomênico se manifesta? É a determinação ou o ser do espaço essa questão?

A geografia clássica respondeu a essa pergunta com a questão da região e do determinismo/possibilismo. A renovação da geografia começou respondendo com a questão do espaço.

O ponto de partida não poderia ser outro. Nada pode existir, senão no e como espaço. O que no fundo não é mais que um truísmo filosófico. Desde a filosofia clássica sabe-se que não há matéria fora do espaço. Milton Santos fala do espaço como um produto-produtor da existência do homem na sociedade. E Lefebvre fala da reprodutibilidade espacial das relações de produção como condição da própria reprodução da sociedade humana.

Para um e para outro, o espaço organiza o fluxo da história, distribui as relações da sociedade no território, articula a unidade dessas relações na dimensão política do Estado, estratifica e ordena as relações societárias por intermédio das escalas do espaço. E desse modo o espaço condiciona, gera e sobredetermina a sociedade em seu vir a ser na história, atuando como determinação objetivo-subjetiva do seu rumo. Seria, então, a questão espacial a questão geográfica, que aqui aparece ora na forma do regionalismo e ora na do determinismo e do possibilismo?

O roteiro da ruptura: 2 – os temas da ausência

Três outros temas estão ausentes do debate: os temas da cartografia, da natureza e da linguagem.

O problema da renovação cartográfica

É basicamente o conceito de espacialidade diferencial de Lacoste que introduz a cartografia no debate da renovação.[17]

É sabido que uma vasta literatura relativa à renovação da cartografia está se desenvolvendo no plano geral do pensamento nesse momento em que a geografia se renova a partir de um novo conceito de espaço. As obras de Serge Bonin e Jacques Bertin dedicadas à semiologia gráfica são da mesma década das obras seminais de Lacoste, Milton Santos e Quaini. São obras contemporâneas e por isso vêm do mesmo solo epistemológico, mas poucos geógrafos identificados com a cartografia participam da renovação da geografia. No geral, realizam a renovação de seu campo à parte. Mesmo quando os envolvidos na renovação da geografia os instigam a que apareçam no debate.

O fato é que a renovação da linguagem da representação cartográfica pouco ou nada incorpora da renovação do conceito de espaço. Isso muito embora se viva na renovação um momento rico e forte de reflexão e de intenção de uso operacional do conceito do espaço em seu mister cartográfico, no qual ele é concebido: como uma categoria da estrutura, a instância, em *Sociedade e espaço: a formação social como teoria e como método*, por Milton Santos; como uma categoria da descrição, o arranjo espacial, em *A geografia serve para desvendar máscaras sociais*, por Ruy Moreira; como uma categoria do valor, em *Valor, espaço e questão de método* e *Geografia crítica: a valorização do espaço*, por Antonio Carlos Robert Moraes e Wanderley Messias da Costa; como uma categoria filosófica, em *Espaço e tempo: compreensão materialista e dialética*, por Ariovaldo Umbelino de Oliveira; e como uma categoria do método, em *O espaço como categoria de análise,* por Wanderley Messias da Costa.

Assim, clama-se na renovação pela união do sistema de signos da linguagem conceitual e da linguagem da representação cartográfica. E embora o tema da cartografia seja o da geografia – até porque a rigor a cartografia é uma linguagem da geografia –, a renovação em comum não ocorre.

O enclausuramento da natureza

Esse problema se repete com o conceito de natureza. E se no tema da cartografia Lacoste ficou fora, aqui o não inserido é Quaini.

Também aqui é impressionante a riqueza de produção intelectual em curso, renovando o conceito de natureza. Uma riqueza que tem por origem o mesmo solo epistemológico que no campo cartográfico origina a semiologia gráfica e o conceito de espacialidade diferencial. Vive-se um momento de extraordinário diálogo entre as ciências naturais e a filosofia sobre o conceito de natureza e do homem.

Textos como os de Koyré, Monod, Schmidt, Jacob, Prigogine (já para não citar os de Engels, tomados como referência por Tricart na renovação que este faz na morfologia climática nos anos 1950) debatem o conceito natureza e condenam o abandono da ligação que havia entre ele e o conceito de homem, analisando o modo como um saía do outro no dealbar do Renascimento. Contraditoriamente – ou talvez por isso mesmo – são os geógrafos envolvidos na renovação que os leem e os trazem ao conhecimento do debate geográfico,[18] em particular Quaini com sua reflexão sobre a natureza historicizada (conceito do homem) e a história naturizada (conceito da natureza), de certo modo antecipando o enfoque de natureza e de homem que a seguir se dará com o conceito do meio ambiente.

O intenso debate travado por físicos, biólogos e químicos que se deslocam dos seus campos específicos para o terreno de um diálogo aberto no campo da história das ideias, em que entendem encontrar o fundamento de suas críticas e o manancial dos elementos para as novas formulações conceituais que estão buscando, não beneficia, entretanto, a renovação da geografia.

Nem mesmo ao se ver que a reflexão crítica do conceito moderno de natureza e de homem vem junto à reflexão do conceito de espaço, cujo melhor exemplo são os estudos filosóficos de Alexandre Koyré. Koyré mostra ser a física clássica a origem seja do conceito moderno da natureza, seja do espaço, em particular em seu livro *Do mundo fechado ao universo infinito*, conhecido desde o ano de sua publicação em 1957, no qual a origem congeminada dos dois conceitos é analisada com detalhes (Koyré, 1979 e 1982). E está neles a origem das ciências modernas.

Não teria sido difícil transportar esse debate diretamente para o âmbito da geografia. Entretanto, não se renova o conceito de natureza junto ao de espaço e ao de homem na geografia, ao contrário de como vinha acontecendo em outros campos.

A verdade é que o libelo lacosteano do projeto unitário não encontra terreno fértil. A reflexão crítica de Milton Santos não suscita debate, nem mesmo ao clamar pela necessidade de se ver a relação que há entre os conceitos de natureza e de espaço, quando diz: "Enfim, há sempre uma primeira natureza prestes a se transformar em segunda; uma depende da outra, porque a natureza segunda não se realiza sem as condições da natureza primeira e a natureza primeira é sempre incompleta e não se perfaz sem que a natureza segunda se realize. Este é o princípio da dialética do espaço." E mesmo a tradução de *A construção da geografia humana*, que põe em evidência que a ideia moderna de natureza e de homem não é mais que a filha recíproca do pensamento galileano renascentista, não trouxe qualquer efeito.

O problema da linguagem

Está ausente ainda do debate o problema da renovação global da linguagem geográfica. Vimos que o conceito do espaço ficou estancado diante da ausência de uma reflexão simultânea sobre o conceito de natureza e de homem. Uma simultaneidade que se fazia necessária tendo em vista ser a geografia, por história e tradição, uma ciência da relação homem-meio. E faz-se aqui um círculo vicioso.

O efeito prático ocorre no âmbito da práxis: no campo da pesquisa e da ação é preciso fazer falar a *empiria,* mas como fazê-la falar se o empírico fala por meio da linguagem da ciência? Como ver o real como concreto pensado, sem a habilidade de pensar do pensamento?[19]

Mas tem o mesmo peso no âmbito da identidade, de vez que um problema de personalidade vem, por decorrência, na esteira do problema da linguagem. Diante da necessidade de superar o dilema de não deixar a realidade empírica falar sua própria linguagem, reafirma-se o uso da linguagem dos vizinhos: nos temas humanos continua-se a fazer economia e sociologia, transfigurados agora no olhar do espaço. E nos estudos físicos, a fazer física, química, geologia ou engenharia.

Esse é o motivo da desproporção que a olhos vistos se estabelece entre a enorme repercussão e influência da crítica e o reduzido acervo de trabalhos escritos no espelho do novo padrão discursivo. Na verdade, poucos são os trabalhos de fôlego a que a renovação de fato dá origem nesse primeiro decênio. Ou que se divulgam num grande público.[20]

Fazendo o balanço

Podemos encerrar aqui esse balanço. Sabe-se que é absolutamente impossível mudar o campo de uma ciência sem envolvê-la como um todo. A renovação deu-se essencialmente com o conceito do espaço, num alcance limitado. Todavia, mexeu ela com pilares básicos de um saber anos a fio refratário a grandes mudanças. E sem dúvida preparou terreno para mudanças subsequentes.

Duas fases distinguem-se no movimento de renovação. A primeira situa-se no período imediatamente anterior e posterior ao 3º ENG, reunindo os anos de virada das décadas de 1970-80. É a fase das mudanças mais efetivas, fase da crítica que indaga sobre o sentido e significado do discurso geográfico ("o que é, para que serve e para quem serve a geografia"[21]), renovando onde era possível. A segunda situa-se a partir da segunda metade da década de 1980. É a fase em que a renovação vira uma oficialidade (uma "geografia crítica"), muda o ritmo e o sentido de rumo e assim confunde sua primazia e se consome nessa mudança. A primeira fase é um movimento que redescobre a geografia. A segunda, que a leva a opacificar-se.

A hipótese que aqui seguimos é que a própria crise de fundamentos reuniu nos livros *A geografia serve antes de mais nada para fazer a guerra,* de Yves Lacoste, *Por uma geografia nova,* de Milton Santos, e *Marxismo e geografia,* de Massimo Quaini, a base e o roteiro de uma possível mudança. São três obras que aparecem, como que espontaneamente, para fornecer os termos intelectuais da ruptura. E são o espírito da época.

Tomo por suposto que três temas necessitam ainda de maior desenvolvimento – a constituição do sujeito, a visibilidade ontológica do espaço e a necessária interação entre a linguagem conceitual e a cartográfica –, sem os quais não se terá uma teoria de espaço como práxis. Mas entendo que no centro desses três temas está a necessária elucidação dos conceitos correlatos de homem e natureza, e a evidência de que são conceitos correlatos.

Foi sobre esses pontos que se construiu o novo. E sobre eles é que se deve prosseguir na continuidade. Um matiz de ordem institucional certamente interfere nisso. Se podemos falar de três geografias – a real, a teórica e a institucional – a primeira e a segunda mudaram substantivamente nesses anos. A terceira é mais refratária. Creio que assim podemos resumir.

Notas

Publicado originalmente em GEO*graphia*, ano II, número 3, 2000, revista da Pós-Graduação em Geografia, da Universidade Federal Fluminense (UFF), a partir da revisão da edição do Boletim Prudentino de Geografia, número 14, 1992, AGB Seção Presidente Prudente.

1 É de sua autoria o primeiro balanço da renovação, com o texto *A renovação geográfica no Brasil – 1976-1983: as geografias radical e crítica e uma perspectiva teórica*, no qual classifica os seus participantes em radicais e críticos e faz uma excelente, e única, resenha da produção geográfica do período, cobrindo-a exaustivamente e com uma erudição incomum na literatura geográfica brasileira. O leitor encontrará boa parte dos textos da renovação reunidos em três coletâneas: *Geografia e sociedade: os novos rumos do pensamento geográfico*, número monográfico que preparamos para a revista *Vozes* em 1980; *Geografia: teoria e crítica – O saber posto em questão*, livro que organizamos para a mesma Editora Vozes em 1980; e *Novos rumos da geografia brasileira*, livro organizado por Milton Santos para a Editora Hucitec em 1982. Recomenda-se também *Perspectivas da geografia*, coletânea organizada por Antonio Christofoletti para a Difel em 1982, com textos de autores nacionais e estrangeiros, alguns dentre os quais considero clássicos da geografia mundial. É comum vermos coletâneas em revistas neste período, destacando-se o número 54 do *Boletim Paulista de Geografia*, de 1976, publicação da AGB-São Paulo; e os números 1 e 2 da revista *Território Livre*, publicação da Upege (União Paulista de Estudantes de Geografia), de 1979. É imprescindível ainda a leitura do texto *Da nova geografia à geografia nova*, de Roberto Lobato, uma resenha curta e sintética sobre a passagem da fase da Geografia Quantitativa (a "Nova Geografia") para a fase da renovação (a "Geografia Nova"), publicado na coletânea da revista *Vozes* acima referida.

2 *A geografia*, ensaio que Lacoste publicou em uma coletânea de filosofia organizada e dirigida por François Chatelet.

3 Por meio de livros como *Os países subdesenvolvidos* e *Geografia do subdesenvolvimento*.

4 Em certa medida, a quase totalidade dos renovadores da Geografia brasileira vem dessa tradição pierregeorgeana (francesa, seria melhor dizer, como o tricartiano Milton Santos). É georgeana a coletânea de Armando Corrêa da Silva, *O espaço fora do lugar*. Idem o texto *O "econômico" na obra Geografia econômica de Pierre George: elementos para uma discussão*, de Ariovaldo Umbelino de Oliveira, texto de grande efeito entre os geógrafos do Rio de Janeiro. E é igualmente georgeana a terminologia que povoa muitos dos textos da renovação, como arranjo espacial e organização do espaço pelo homem. Meu texto *A geografia serve para desvendar máscaras sociais*, de 1978, e em particular o capítulo 4 de *O discurso do avesso*, cuja primeira edição é de 1987, que tinha por título *Ideologia e política dos estudos de população* (um texto escrito para ser inicialmente uma crítica, na forma de uma aula dada no Projeto Ensino da Upege/AGB/Apeoesp, em fevereiro de 1980, à concepção georgeo-lacosteana de população e subdesenvolvimento), estão carregados dessa terminologia. Talvez tenha sido essa genealogia (é bom lembrar que George e Lacoste tiveram passagem pelo marxismo), até certo ponto comum aos renovadores, a fonte da impressão equivocada, hoje amplamente enraizada, de uma indiferenciação de pensamento e alinhamento político-ideológica que haveria interligado todos os que se envolveram com o movimento da renovação, embora seja verdade que nenhum aderira ou vinha de rompimento com o neopositivismo teórico-quantitativo.

5 Isso está estampado no título do texto *A geografia está em crise. Viva a geografia*, de Carlos Walter Porto Gonçalves. É flagrante também no título de *A geografia serve para desvendar máscaras sociais*, fruto do impacto que recebo de Lacoste, Lefebvre e Milton Santos, deste último em particular. Milton Santos traz para a geografia a problemática das instâncias, um tema que discutíamos nos debates internos do marxismo, esquentados pelas críticas às versões

altusserianas e gramscianas de estrutura. Daí meu intuito de fustigar neste texto o viés estruturalista do conceito do espaço como instância de Milton Santos. O texto nasce das intervenções realizadas na Semana de Geografia da Universidade Federal Fluminense (UFF), organizada pelos estudantes de Niterói, em setembro de 1978, e no Congresso da Upege, em Presidente Prudente, organizado pelos estudantes de São Paulo, em outubro, nas quais balizei as reflexões e a crítica.

[6] Estimulante ao debate da renovação em todos os sentidos, o texto-ensaio e o livro mapeiam, um a um, os temas da crise da geografia, e fazem-lhe uma crítica política e ideológica contundente.

[7] Lacoste desenvolve a crítica do conceito de região no capítulo v ("Um poderoso conceito-obstáculo: a região") e a sua tese de espacialidade diferencial nos capítulos III ("Miopia e sonambulismo no seio de uma espacialidade tornada diferencial"), VI ("A escamoteação do problema capital das escalas, isto é, da diferenciação dos níveis de análise") e XVII ("Saber pensar o espaço para saber nele se organizar para saber nele combater"). Percebe-se que liga um assunto ao outro, denunciando a falência do discurso padronizado na categoria da região, que vê como uma categoria discursiva que arrasta a geografia consigo num voo curto, apontando como saída a escala da espacialidade diferencial. Mais tarde, Lacoste aplicará esta proposição em *Unité & Diversité du Tiers Monde*, tese de doutorado na qual investiga o papel do arranjo do espaço nas revoluções de Cuba, Angola e Vietnã. Ao que parece, Lacoste não logra concretizar no plano empírico o que propôs no plano teórico. Tentei aplicá-la ao caso brasileiro em *O movimento operário e a questão cidade-campo no Brasil*, dissertação de mestrado publicada pela Editora Vozes em 1985, na qual junto a tese lacosteana da espacialidade diferencial à tríade marxista do singular-particular-universal e à teoria do imperialismo de Lênin, Bukárin e Rosa Luxemburgo. Penso não ter logrado um resultado satisfatório também.

[8] Dele derivo o texto *Geografia e praxis: algumas questões*, que incluí na coletânea *Geografia e sociedade*, mencionada na nota 1, na verdade a transcrição de uma palestra feita em 1979 num debate sobre Geografia e Realidade promovido pela Upege, e que os estudantes de São Paulo publicaram na revista *Território Livre*, n. 2, 1979.

[9] Este texto e *O pensamento de Lênin*, também de autoria de Lefebvre, formam o núcleo teórico de *A geografia serve para desvendar máscaras sociais*.

[10] São eles: *El derecho a la ciudad*, *De lo rural a lo urbano* e *Espacio y política (El derecho a la ciudad – II)*, todos publicados por esta editora de Barcelona, respectivamente em 1969, 1971 e 1976, a que se acrescenta ainda o clássico *O pensamento marxista e a cidade*, edição da Ulisseia, portuguesa, sem data (a edição francesa é de 1972). Seu livro *La production de l'espace*, de 1974, só conhecemos mais tarde.

[11] A *New Geography* significa a dissolução ideológica do conteúdo e o esvaziamento das formas. Veja o texto de Lobato, citado.

[12] Veja *De quem é o pedaço*, coletânea de textos de Armando Corrêa da Silva, voltados para a problemática do contato da geografia com a filosofia.

[13] A análise de Hartshorne sobre a origem kantiana da geografia moderna encontra-se no *The Nature of Geography: a critical survey of current thought in the light of the past*, Lancaster, AAG, 1939.

[14] Veja-se a indignada crítica de Milton Santos publicada na coletânea *Novos rumos da geografia brasileira*.

[15] Tarefa deveras difícil dada a completa indigência em bibliografia dos clássicos em língua portuguesa. Lamentavelmente, as gerações mais antigas, que dispuseram de tudo que se imagina necessário em tempo e infraestrutura para legar às gerações seguintes um amplo acervo bibliográfico dos clássicos em nossa língua, ponto de partida para que se sedimente cultural e eruditamente um saber num país, pouco deixaram nesse sentido. Só duas obras clássicas foram traduzidas em nossa língua: *Geografia humana* (edição resumida), de Jean Brunhes, por Ruth Magnanini, para o Fundo de Cultura, e *Propósitos e natureza da geografia*, tradução de Armando Corrêa da Silva para a Hucitec, antes com tradução de Thomaz Newlands Neto, para o Instituto Pan-Americano de Geografia e História. Não se incluem nessas referências as traduções aqui chegadas de Portugal, como a *Introdução à geografia humana*, de Paul Vidal de la Blache, e as obras reunidas na coleção Panorama da Geografia, todas da Editora Cosmos, de Lisboa.

[16] Ver *Introdução à geografia. Geografia e ideologia*, Vozes, 1976, para as ideias dos clássicos.

[17] Considero toda a obra de Lacoste uma chamada para o problema cartográfico.

[18] Considero a espacialidade diferencial um conceito essencialmente cartográfico. É Quaini que está na origem do conceito que usamos em *O que é geografia* (veja-se toda a metade a partir da página 71), além de Alfred Schmidt (*El concepto de la naturaleza en Marx*) e Giuseppe Prestipino (*El pensamiento filosófico de Engels – Naturaleza y sociedad en la perspectiva teórica marxista*).

[19] Para ser renovação, há que se ter um modo novo de conceber relações espaço-tempo/geografia-história. No passado, esta era uma relação ora confundida com a história do povoamento dos espaços (concepção que Horieste Gomes acertadamente critica, quando diz que "retornar simplesmente ao passado não significa que utilizamos a história como valor analítico", no seu texto *Reflexões sobre a dialética*) e ora com um intercâmbio de conteúdos respectivos entre as disciplinas escolares da geografia e da história.

[20] Pode-se citar poucos livros produzidos nessa referência. *A capital da geopolítica*, de José William Vesentini, tese de doutorado defendida pelo autor em 1985, certamente é uma delas. Nosso trabalho *O movimento operário e a questão cidade-campo no Brasil*, publicada no mesmo ano, foi uma busca nesse sentido. Todavia, seria preciso um levantamento das teses e dissertações defendidas à época, porém não publicadas, para ter-se uma avaliação melhor dessa afirmação.

[21] Uso estas expressões em *O que é geografia*, tomando-as do uso corrente no período. Aliás, "espírito da época", o livro é o que "está no ar". Seu conteúdo e termos discursivos são o reflexo do clima dos debates acalorados promovidos pelos DAs e seções da AGB nos anos imediatamente seguintes ao 3º ENG. O que fiz no livro foi transpor o clima intelectual dos auditórios para o papel, o que me permitiu escrevê-lo de uma só assentada, em poucos dias de outubro de 1981. Usado como material didático nas escolas secundárias pelos estudantes de geografia da época e tido hoje como um texto de linguagem "difícil", quase esotérica, pelos estudantes universitários, a história do uso desse livro é um indício bem denotativo da trajetória seguida pela renovação.

A SOCIEDADE E SUAS FORMAS DE ESPAÇO NO TEMPO

Cada tempo se distingue de outro pela forma do seu espaço. Na verdade, cada tempo é a sua forma de espaço. As formas espaciais do tempo são conhecidas. As tensões genético-estruturais dessas formas, escondidas no aparato paisagístico dos arranjos, todavia não. Estudaremos neste capítulo o painel dos grandes quadros espaço-temporais que constituíram as formações geográficas na história, sua evolução estrutural e tensões espaciais no tempo.

A base deste estudo são os clássicos, listados na página 57. Suas descrições de mundo aparecem combinadas aqui e ali de modo profuso, optando-se por isso por não se fazer referências a um e outro em específico quando incorporados ao andamento da narrativa, na certeza de que o leitor informado saberá reconhecê-los.

O primeiro espaço

O espaço surge na história através da organização territorial dada pelo homem à relação com o seu meio. Dois acontecimentos balizam o início dessa história, atuando desde então como determinantes da relação estável do homem com o seu espaço. A descoberta do fogo é o primeiro. A da agricultura é o segundo.

O fogo é o dado seminal. O uso do fogo leva o homem a tornar-se um ser ubíquo na superfície terrestre. Com o fogo, ele aprende a controlar o meio (o fogo serve para o preparo dos alimentos e para o fabrico de armas e utensílios) e a dominar os territórios (serve para o ataque e a defesa, para iluminar o acampamento e para renovar a vegetação através da queimada). A agricultura é o dado integrador. Com a agricultura, o homem dá outra arrumação espacial à natureza (através da domesticação das plantas e dos animais) e assim cria os territórios (através da guarda organizada das provisões em silos e celeiros, da apropriação intencional dos solos e da água, do ordenamento dos caminhos e das localizações).

Da combinação do fogo com a agricultura vem a instalação dos primeiros núcleos de povoamento. Os polos germinativos de que emergem as civilizações.

O dado ordenador da paisagem é o processo da seletividade. A seletividade é a prática ambiental em que o homem transforma a associação natural num misto das espécies não utilizadas dessa associação com as espécies consideradas úteis à sobrevivência humana. Isto é, plantas e animais domesticados, aclimatados pelo intercâmbio e pelas migrações. Assim, a paisagem criada se distancia da paisagem natural numa extensão que é proporcional ao nível da técnica usada na ação da seletividade. A determinante é a busca contínua do aumento da produtividade.

Com a seletividade agrícola, as paisagens naturais no entanto não desaparecem. Ao contrário, são reafirmadas mesmo na medida em que as formas de espaço dos gêneros de vida, novos e do período pré-agrícola, como dos coletores, caçadores e pescadores, acrescem-se em diferenciação. E entra-se num estágio da evolução em que a humanidade se aglutina e se diferencia em três grandes formas de gênero de vida: o extrativo (da coleta-caça-pesca), o agrícola e o pastoril.

Na prática, são formas que, aqui e ali, se combinam e se complementam, introjetando arranjos específicos de espaço que diferem quer pela natureza e demanda de território, quer pela modalidade do gênero de vida. O caráter nômade dos gêneros extrativo e pastoril significa um suporte ecológico de base territorial ampla. Já o caráter sedentário do gênero agrícola, um suporte ecológico e uma extensão de território menor, em vista da maior produtividade do trabalho com a terra. Demandas desiguais que se traduzem em limites e arranjos espaciais distintos e bem demarcados na paisagem.

Em cada âmbito local, um gênero de vida determinado centra o modo de vida do grupo humano, sem que exclua a presença dos demais. Em geral, os gêneros agrícola e pastoril incorporam e incluem ao seu o gênero da coleta, da caça e da pesca, em caráter suplementar. E é comum que o gênero agrícola incorpore ao seu espaço alguma criação e o gênero pastoril incorpore por sua vez alguns cultivos. Mas são raros os espaços em que criação e cultivos se consorciem para formar um só gênero de vida.

O fato é que o surgimento dos gêneros agrícola e pastoril significa uma alteração fundamental na relação do homem com o seu ambiente. Daí um novo espaço. Enquanto no gênero extrativo os grupos humanos utilizam as espécies do meio local na sua mais integral diversidade, nos gêneros agrícola e pastoril as espécies são filtradas pela relação de seletividade. A maior produtividade do trabalho nos gêneros agrícola e pastoril é a causa da diferença.

Não são, todavia, paisagens que se implantem de uma só vez. Antes de tudo, os gêneros de vida se distribuem e se territorializam na conformidade do meio. O gênero agrícola surge nas áreas florestais, através do arroteamento e da transformação das associações naturais em associações domésticas, tal como nas paisagens do arroz, do trigo, do milho, dos tubérculos. De modo variável e ao preço de alguma devastação florestal. Já o gênero pastoril surge nas áreas herbáceas, estépicas e desérticas. Nelas, ocupa, em pouso temporário, os pontos de pasto e água para melhor aproveitar os momentos sazonais, formando espaços de uma extensão territorial que se confunde com o infinito. Em tudo, aqui, o animal fundamenta a vida. A mobilidade valoriza o cavalo; a segurança, o camelo; a habitação, o boi; o vestuário, o carneiro. E o regime alimentar valoriza o intercâmbio com as sociedades agrícolas. Também aqui a influência ambiental na formação espacial é patente: nas estepes centro-asiáticas se territorializa um modo de vida marcado pelo peso do deserto frio sobre a habitação e o vestuário do pastor e pelo domínio do camelo sobre o cavalo; já no deserto ocidental-asiático e saariano se territorializa um modo de vida marcado por habitação e vestuário leves e pela agilidade do pastor sobre o cavalo.

Entretanto, tais gêneros de vida não se mantêm restritos a esses ambientes por muito tempo. Avançam aqui e ali um sobre o outro, ora reforçando a separação, ora forjando o entrecruzamento dos seus espaços, havendo mesmo casos em que surge algum consorciamento entre o gênero agrícola e o pastoril, o que acontece sobretudo no centro-leste e ocidente europeus.

Mas é o grau de enraizamento territorial o dado fundamental. Cada civilização cria e difunde sua paisagem depois de um longo curso de ensaio de ambientalização. Ou seja, após um processo adaptativo ao meio, marcado por pacientes e diligentes trabalhos de experimentação, invenção e intercâmbio de inventos, que fundamenta o enraizamento territorial fundante das comunidades. Um processo através do qual, por tateamento, experimentações, domesticação e aclimatação, homens e espécies criam raízes culturais e fixam no território civilizações definitivas. Não raro, é esse um movimento que de início se relaciona a uma área laboratório, lugar inóspito onde os grupos humanos ensaiam a criação de uma nova cultura, mas de onde saem para assentá-la como civilização só noutra área. Apenas quando a comunidade atinge o enraizamento territorial total, isto é, o estado de identidade cultural com o todo do entorno, só então, considera-se ela assentada. Então, a territorialidade se sedimenta, aparecendo como o corpo orgânico da cultura enraizada para todo o grupo humano, e um modo de vida amadurece e a civilização se implanta.

Os oásis das montanhas e planaltos secos da Ásia Central são os grandes núcleos históricos. Foi daí que os grupos humanos desceram para leste e para oeste, com suas culturas domesticadas para, depois de longa fase de tentativas de enraizamento territorial, experimentando aqui e fixando-se ali, acabarem por constituir, no lado oriental, a civilização chinesa, e, no lado ocidental, a civilização helênica, as matrizes formadoras, respectivamente, da civilização asiática e da civilização europeia.

Os cultivos são os veículos dessa distribuição. O trigo, a cevada, a vinha, a árvore frutífera, o legume e o linho saem da região irano-mediterrânea para fundar as civilizações tanto do leste asiático quanto do oeste europeu. O arroz, o chá, a soja, a cana-de-açúcar, a amora e o algodão saem das montanhas e dos planaltos secos do centro asiático para fundar civilizações a leste. O cavalo, o boi, o camelo e a ovelha saem do ocidente asiático seco para fundar a civilização em vários cantos. O milho, a batata e o tabaco, por fim, saem das montanhas semiáridas do oeste das Américas para fundar as civilizações do continente.

Tudo nesses espaços é função da sociabilidade e da inventividade técnica dos grupos humanos. Daí é que advêm a movimentação e a sedimentação dos homens sobre os espaços. E a base sobre a qual o seu modo de existência se instala e se consolida. Isso tanto entre os grupos de agricultores quanto entre os grupos de pastores e ainda entre os grupos de coletores, caçadores e pescadores.

Fruto dessas práticas espaciais, é o regime alimentar que define a modalidade do *habitat*. Determina as formas de habitação, moda do vestuário, meio de circulação. Dá o tom da diferenciação espacial. É assim na Ásia monçônica, onde o arroz domina o visual da paisagem, de entremeio às culturas ricas em gorduras, proteínas e aminoácidos, usados nos molhos, além da criação miúda (aves e porcos), da pesca e da cultura do chá (planta digestiva), todas complementares da dietética baseada no arroz; na Ásia irano-mediterrânea, onde ao trigo se entremeiam as culturas de centeio, cevada e aveia, a criação de animais de grande porte (bois e carneiros) e a cultura de legumes e de frutas, complementares na combinação pão-azeite-vinho baseada nos cereais e nas bebidas; na África sul-saariana, onde os tubérculos e rizomas se entremeiam com as atividades que os complementam, como as culturas ricas em gorduras e açúcares, da caça e da pesca. Situação que igualmente acontece no espaço do regime pastoril, no qual o processo da seletividade se fixa numa espécie de animal ambientalmente determinada e a paisagem fica entregue à flutuação das migrações das tribos. E mais ainda entre os povos seminômades do meio florestal.

O segundo espaço

A elevação da produtividade do trabalho, que vem do aperfeiçoamento da técnica seletiva, dá origem ao excedente. O excedente libera parte da população para o exercício de atividades não agrícolas e introduz a divisão social do trabalho. Nasce a cidade.

Com a cidade, um modo novo de estruturação do espaço vai surgir, com suas relações intrínsecas de tensão.

Em geral, a cidade surge e se multiplica nos lugares de contato de meios desiguais, como entre a floresta e a savana, a montanha e a planície ou a terra e o mar, onde a quebra de continuidade dos gêneros de vida favorece o intercâmbio mercantil.

Ademais, relacionada às funções que a divisão social de trabalho cria, a cidade surge com características específicas dentro do todo de um mundo de vida rural, decorrendo dessa especificidade uma relação de interdependência e entrechoque que vai ligar cidade e mundo rural por um vínculo de troca de produtos nem sempre regular e nem sempre de forma organizada.

O espaço é organizado como um todo pelo ritmo sazonal do calendário agrícola, que é chamado a sobrepor-se ao dia a dia dos espaços e impor com sua pulsação a harmonia e o equilíbrio ao movimento de relação do conjunto, fazendo a cidade respirar o ar da civilização emanada do todo rural.

O desenvolvimento da função da cidade dá uma nova vida aos meios de transporte e comunicação. E cria um novo estágio para a circulação. Até então, é pela tração animal ou pelo próprio ombro, por caminhos improvisados, que o homem vence as distâncias e supera os isolamentos. Nas áreas de topografia favorável inventa o veículo de rodas, ao tempo que inventa o barco nos rios e litorais. O aparecimento da cidade interliga e transforma os caminhos em vias permanentes e forma o arcabouço do território que interliga e unifica os cheios e vazios de povoamento das comunidades.

Centrando o dinamismo dos meios de circulação, a cidade organiza cada civilização num espaço próprio. Cria para cada qual uma territorialidade definida. Costura-lhe a unidade, com base no intercâmbio e no passado comum. Funde numa só civilização os núcleos dispersos de população multiplicados pelo princípio da cissiparidade, tal como na multiplicação das células de nosso corpo.

Impulsionada nesse desempenho da cidade e sua rede de circulação, a técnica ainda mais se desenvolve, densificando, diferenciando, diversificando e ampliando o leque das formas de civilização.

Tem início uma fase de grandes transformações. Antes de mais nada, o desenvolvimento da técnica traz novos territórios para os gêneros de vida. Arruma os *habitats* à base de um trabalho mais coletivo, permanente e intensivo. Altera a relação sagrada do homem com o meio natural construída no longo correr do enraizamento territorial dos gêneros extrativos, substituindo-a, como num ato de violência, por uma relação baseada na prática racional. Sobretudo, dá ao enraizamento territorial um caráter aldeão, com seu modo comunitário de vida no qual as famílias socialmente se agregam* por suas crenças e rituais, deuses e sacrifícios, comando da magia sobre o exercício das profissões (da agricultura à metalurgia), prescrições alimentares, disposição das habitações, permissões e interditos sexuais, mecanismos de proteção, festas de procriação, e rituais de vida e de morte, estabelecendo as cores que se cravam na paisagem como o espírito da identidade geográfica do grupo humano.

Mais presente no gênero agrícola, a ação revolucionadora da técnica aí será mais forte, os instrumentos agrícolas fazendo as formas de organização desse gênero tornarem-se mais diversas dentro das fronteiras terrestres.

Primeiro aparece o pau escavador, ainda na fase da coleta. Sua transformação na pá e na enxada aumenta o poder do homem de revolver a terra e ocupar espaços mais extensos e heterogêneos. Na progressão, a seguir vem o arado e a tração animal. Com eles, os espaços, antes tão ecologicamente demarcados, se embaralham. Ambientes como da savana e da estepe são abertos para os cultivos, levando o gênero agrícola a extrapolar o limite estrito das florestas.

Duas situações daí então advêm. Na primeira, os grupos de agricultores invadem o espaço do gênero pastoril e abrem com os grupos nômades desse gênero uma longa era de conflitos. Relação que ora se resolve pela hegemonia de um e ora pelo de outro sobre o espaço adversário. Ali onde é a ação dos grupos de pastores que prevalece, os agricultores se retraem para ilhas dentro do território pastoril, como nos oásis das estepes e desertos das regiões irano-mediterrâneas e centro-asiáticas. Mas onde prevalecem os grupos de agricultores, são os povos pastores que, empurrados para as terras situadas à margem dos cultivos, às vezes montanhosas e de solos geralmente impróprios para cultivos e pastagem e água nem sempre abundante e permanente, além de distanciadas dos grandes eixos de circulação, caem no isolamento. Num caso como noutro, o intercâmbio se torna irregular e os grupos se isolam e retrocedem no seu progresso. Em qualquer caso, a seletividade das espécies se acentua e com ela a devastação dos meios. No gênero agrícola, a uma persistente e espontânea tendência de ressurgimento das plantas dispensadas pelas associações domesticadas, os grupos humanos respondem com uma prática de queimada, que acaba alterando por completo as condições ecológicas de áreas inteiras, empobrecendo e convertendo florestas em savanas.

A técnica eleva, assim, a relação de domínio dos espaços, a densidade humana, o âmbito dos transportes e o raio de alcance da gestão da cidade. Sob esse alicerce, civilizações alargam e recriam os marcos de espaço com que ocupam e dividem a Terra.

Em consequência, os *habitats* ficam estruturalmente mais complexos. E na medida em que, por força da técnica, os cheios e os vazios das casas e dos caminhos, com suas manchas de criações e cultivos, se multiplicam, a paisagem humanizada se amplifica. No afã de mais alargá-la, os grupos humanos drenam pântanos, irrigam terras secas, aterram mares, vencem planícies, ultrapassam montanhas, dividem-se, coalescem, implantam complexos alimentares, modos de habitação, modas de vestuário, novos meios técnicos, níveis de produtividade, desigualdade de demandas sociais, formas de relação mística, meios de circulação, numa interação com as modulações do terreno, seus solos, topografia, disposição geológica, variação botânica, incidência luminosa, que, ao fim, leva as paisagens a uma extraordinária diversidade de fisionomia.

A vida gregária leva os grupos humanos a explorar os benefícios da aglomeração. As densidades vão variando com os gêneros de vida, diminuindo em diagonal das áreas do gênero agrícola para as da periferia pastoril e mais ainda para as do gênero extrativo. E se por meio de uma forma de povoamento que se difunde não como uma mancha de óleo, mas como enxames de abelha, no qual toda vez que as comunidades acumulam excedentes de população que já não conseguem mais conter, grupos inteiros surgem por cissiparidade e se desligam do seu *habitat* original para, mais adiante, em pontos distanciados, ir formar novos focos de ocupação, aumentando a diversidade e o horizonte ecumênico das civilizações, a diferenciação das densidades ainda mais aumenta.

De modo que *habitats* inteiros, ora dispersos e ora concentrados, se espalham no horizonte infindo das planícies, no entrecortado dos vales montanhosos, no ondulado dos planaltos, localizando-se nos solos férteis de aluvião localizados no alongado dos rios e das estradas ou na linha de contrastes ambientais, para dominar meios naturais os mais diferentes.

O terceiro espaço

Com o desenvolvimento da divisão social do trabalho e da ampliação do excedente, surgem a propriedade e suas formas de apropriação, diferenciando e estratificando socialmente a população dentro da comunidade. As lutas de classes se instauram. E surge a instituição do Estado. Que, tomando por suporte a função da cidade, deita raízes sobre o território e por seu meio cuida de abafar os conflitos.

A estratificação social imprime sua intencionalidade classista à técnica e à relação ambiental. E reaglutina os gêneros de vida em modos de produção, dando sentido mais tenso à vida dos espaços.

As paisagens ganham assim um arranjo socioecológico novo. Ao lado dos espaços que permanecem vinculados ao antigo modo natural de produção, multiplicam-se os que surgem do desmonte das relações comunitárias que se inicia – a exemplo do modo de produção asiático, escravista e feudal –, dando à paisagem terrestre novas formas.

Nos espaços mantidos nos antigos modos de produção comunitários, permanece a paisagem da aldeia com seus gêneros de vida circundados pelos campos. Nos do modo asiático, forma-se a paisagem das comunidades de aldeia encimadas pelo poder sobreposto da comunidade superior, num domínio territorial marcado pela presença destacada da cidade central. Nos do modo escravista, aparece a paisagem recortada por latifúndios da classe senhorial, dividindo o território em grandes propriedades privadas ao tempo que, através do domínio da cidade, a elite exerce o seu poder absoluto sobre a totalidade do espaço. Nas do modo feudal, por fim, surge a paisagem atomizada territorialmente em feudos internamente arrumados em anéis concêntricos, cada anel diferenciando-se do outro por sua atividade de produção específica (pomares, cereais, gado comunitário, reserva florestal, na ordem do afastamento da aldeia central), o conjunto compondo o domínio territorial incontestee do senhor.

O quarto espaço

Entre o século X e o século XIX tem lugar um conjunto de mudanças de efeitos estruturais tanto no ocidente quanto no oriente, relacionadas à evolução das trocas, que dará início à formação dos espaços modernos. O grande eixo é o salto que ocorre na técnica da produção e dos meios de circulação, impactando o intercâmbio cultural e as trocas de produtos entre povos e civilizações. Mas o dia a dia da mudança tem origem no desenvolvimento das trocas. Desigualmente contidas no interior de cada modo de produção até então existente, as trocas aos poucos aqui e ali se expandem e atuam como a força que empurra as mudanças. No oriente, onde as relações são fortemente comunitárias, a evolução das trocas pouco avança. No ocidente europeu, todavia, onde a relação privada com a terra coexiste com a propriedade comunitária dentro dos feudos, ela evolui rapidamente e aí aos poucos engendra uma economia de mercado, que no limite introduz o modo de produção capitalista.

Esse desenvolvimento para um modo de produção mercantil mais estruturado está ligado a uma forte mudança no caráter do excedente e da propriedade. A lógica mercantil dá à terra e à geração do excedente um caráter acumulativo de capital. E essa acumulação, impondo-se ao conjunto da sociedade, acaba por mudar a própria natureza do arranjo do espaço.

Está em desenvolvimento o espaço moderno, em que organizar e arrumar a forma do *habitat* para produzir excedente com o fim de acumular capital vira a regra. E trocar produtos, uma atividade de finalidade corriqueira.

O Estado é o grande agente da nova ordenação. E a cidade e os meios de circulação, os seus entes geográficos por excelência. Visando dar a tudo essa direção mercantil, o Estado uniformiza sob um mesmo padrão os pesos e as medidas, a moeda, as diferenças étnicas, religiosas e linguísticas, unificando e criando o território nacional.

Assim inscrita territorialmente, a economia do mercado avança sobre a autarcia imperante nas comunidades rurais, impõe a regra que expropria, expulsa e individualiza a relação do camponês com a terra, capitalizando o espaço. Então, separa a produção e o consumo, cria novos circuitos para os produtos agrícolas, valoriza a terra na cidade, leva a classe aristocrática do campo a investir sua renda rural em propriedade e renda predial urbana, integra o espaço dos velhos gêneros agrícola e pastoril numa mesma divisão territorial de trabalho e de troca, dissolve os modos de produção pré-mercantis e unifica regionalmente os mercados locais.

E, em face dessa nova lógica de arranjo do espaço, nas cercanias das cidades surgem áreas especializadas em cultivos de consumo urbano, como legumes e frutas, e nos lugares mais distantes, as manchas de cultivo dos cereais e dos campos de criação, colorindo-se de acordo com a demanda urbana. No sistema de transporte terrestre, a estrada se aperfeiçoa. No transporte marítimo, desenvolve-se a técnica náutica que aprimora o barco a vela e introduz o uso da bússola, do sextante e da tábua de navegação. E, no conjunto, a estrada, o transporte fluvial (em rápido desenvolvimento com as obras de canais que retificam e interligam os rios) e a navegação marítima (que nesse momento se prepara para se alçar a maiores distâncias oceânicas) passam a se articular em tênue rede.

O quinto espaço

O surto das trocas a longa distância leva a um contínuo intercâmbio de plantas e animais entre os diferentes continentes do mundo. E inicia uma fase de mistura cada vez mais ampla de cultivares de distintos ecossistemas pela superfície terrestre, que em breve tempo muda a velha divisão territorial das paisagens do mundo.

Plantas e animais domésticos, por séculos presos a confinamentos locais, extrapolam esses limites para ganhar os continentes e estabelecer nessa escala um rearranjo territorial jamais visto: tabaco, cana, arroz, café, trigo, bois, cavalos, ovelhas saem do "velho mundo" para cruzar em sentido contrário com a batata, o milho, drogas diversas, espécies do "novo mundo", entrecruzando os espaços num troca-troca que altera com mudanças radicais os ambientes e os gêneros de vida. Um exemplo são as trocas entre as planícies centrais da América do Norte e a Europa, na qual a introdução do cavalo vindo de fora altera fortemente o modo de vida dos povos caçadores da América, ao passo que a batata e o milho desse continente vão revolucionar o sistema agrícola e o regime alimentar dos povos do ocidente europeu.

Cruzamentos que misturam paisagens. Alargam o ecúmeno. Mesclam configurações. Tornam os espaços socialmente mais densos. E dão início a uma alteração do equilíbrio ambiental em escala planetária.

O sexto espaço

O resultado é a gigantesca acumulação mercantil que no século XVIII desemboca na revolução industrial. E com ela a acelerada transformação da técnica que subverte os espaços numa escala ainda maior e mais ampla.

Seu centro de eclosão é a Inglaterra. Daí no século XIX migra para o continente, atingindo a Bélgica e a França. Depois, para os Estados Unidos. Nos fins desse mesmo século volta ao continente europeu, para fomentar o desenvolvimento tardio na Alemanha e Itália. E na passagem do século XX chega ao Japão.

É uma revolução relacionada ao surgimento da fábrica. Até então, a indústria tivera uma forma artesanal, na medida em que era um elemento da organização dispersa da economia camponesa. Depois, ganha a forma da manufatura, mais desenvolvida e ligada à energia do vento e da queda d'água, localizando-se dispersamente do lado de fora das cidades, em função da concorrência das corporações de ofício e da localização daquelas fontes. Por fim, toma a forma da fábrica, a indústria baseada na máquina a vapor, que irá concentrar-se nas áreas de ocorrência da hulha ou dos portos de sua importação, criando a cidade industrial moderna.

Congenitamente vinculada com a hulha, a indústria acumula-se nas jazidas carboníferas. E, a partir daí, dá início a toda uma configuração do espaço cuja maior característica é a concentração territorial da população e das atividades econômicas.

O elevado custo do transporte da hulha é a causa da concentração. Mas também o compartilhamento do preço do espaço (economia de escala). Além do fato de a concentração trazer a racionalização dos custos da infraestrutura para a indústria, a possibilidade do controle do desperdício, a exploração máxima dos recursos do meio, o encadeamento vertical e/ou horizontal das operações produtivas, o encurtamento da distância-tempo, o acesso mais direto ao crédito e a facilidade dos investimentos.

Por isso, embora dependa mais da água e de condições higrométricas adequadas, mesmo a indústria têxtil vai se localizar nas áreas hulheiras, em face da energia, da mão de obra barata e do mercado que nela encontrará em abundância.

A ferrovia cumpre aqui o papel-chave da interação espacial. Secundada pela navegação marítima, forma de transporte de longo curso e custo menor. Apoiada na ferrovia e na navegação marítima, a indústria põe entre si e o mercado uma enorme diversidade de áreas e parte para a preponderância espacial. De início, a ferrovia é um complemento do trabalho de transporte nas minas do carvão. Depois, liberta-se e espraia-se para além desse âmbito, ajudando a indústria a espalhar-se entre as minas, as áreas agropastoris, os portos e as grandes cidades. O mesmo papel cumpre a navegação. Por fim, a ferrovia liberta-se da própria área hulheira, transborda seus horizontes, levando a multiplicar-se consigo as próprias áreas industriais em vários lugares. É nesse terceiro momento que a ferrovia rouba o lugar dos rios e da estrada no sistema da circulação, eleva o espaço industrial ao seu ponto de auge e serve de apoio ao Estado na tarefa de completar o processo da construção unitária do espaço nacional iniciado no período da acumulação mercantil. Então, a indústria cria o que irá tornar-se a sua paisagem clássica, com os estabelecimentos fabris misturados às instalações mineiras (ou portuárias, com suas docas e entrepostos) e o casario dos trabalhadores de entremeio, o traçado confuso das vias de circulação cortando o tabuleiro de xadrez montado sobre o fundo de um urbanismo poluído pelas escórias de carvão, o amontoado dos resíduos industriais, a multiplicidade de poças e canais de água suja, o céu sempre fuliginoso, o casario cinzento, os solos enegrecidos, o emaranhado inseguro das galerias com sua ameaça à vida da população trabalhadora, os aparatos nem sempre completos dos equipamentos de serviços urbanos.

A escala dos arranjos então se alarga, dilata os horizontes e integra os mercados nos níveis local, regional, nacional e internacional. É quando a fábrica reinventa as relações cidade-campo, retraça a malha da circulação, reforça o papel nodal da cidade, amplia o alcance espacial das trocas, redesenha a paisagem rural, reestrutura o espaço urbano, redistribui os contingentes demográficos, atrai para si a migração da massa trabalhadora camponesa e artesã, incorpora o mercado das antigas indústrias, cria áreas e formas novas de matérias-primas, reordena e revoluciona os espaços, fracionando-os em países e regiões, na lógica da divisão territorial do trabalho.

Estamos na era da primeira revolução industrial. E o capital leva o Estado nacional a substituir as civilizações como referência de demarcação dos espaços, num novo quadro geográfico de vida da humanidade. A demarcação territorial das civilizações dá lugar a uma superfície terrestre dividida num mapa político baseado nos Estados nacionais.

O resultado é a crise agrária. Isto é, a geração de um quadro de tensões no campo ligadas à capitalização que lança as famílias camponesas na instabilidade, a grande e a pequena propriedade no confronto, os preços agrícolas para o alto, os produtos coloniais e metropolitanos na disputa por mercados. E a tensão urbana. A cidade povoa-se do operariado originado pelos camponeses e artesãos expulsos do campo pela expropriação de suas propriedades e aumentam rapidamente os bairros fabris. Estes se multiplicam entre as minas localizadas à beira dos rios, das ferrovias ou dos eixos portuários. A cidade ganha um novo aspecto. Na sua associação com a indústria, herda a paisagem enfumaçada pelas chaminés e socialmente hierarquizada na população burguesa e proletária. Uma nova estrutura interna. A vida urbana passa a distinguir-se mais e mais da monotonia rural em razão da complexa rede institucional que abriga, da diversificação das funções terciárias que incorpora e da enorme estratificação social que adquire sua população. E um novo papel de centralidade.

A divisão territorial do trabalho é o esqueleto de toda essa nova arrumação do espaço. Antes de tudo, separam-se campo e cidade por sua diferença funcional. Doravante campo é sinônimo de agricultura e pecuária. E cidade é sinônimo de indústria e serviços. E os espaços nacional e internacional se fragmentam em múltiplas áreas de atividades especializadas e diversificam sua produção. A diversificação do campo eleva a produtividade agrícola, libera excedentes para a cidade e diminui rapidamente a população rural. Posta no centro da divisão territorial do trabalho e das trocas que assim se desenvolve, a cidade vira um ponto destacado na paisagem, recebendo e distribuindo produtos e serviços por todo território que comanda através das linhas de comunicação e transporte. Então, assume o comando da organização do espaço, põe-se em centralidade na relação com o campo, costura no comando dele uma unidade regional e arruma e segmenta o espaço numa diversidade de regiões homogêneas.

Logo a indústria transpõe para o plano mundial essa diferenciação cidade-campo, criando uma relação que vai antepor países industrializados e países agrários. E integra-os numa divisão internacional de trabalho e de trocas em que os países industrializados importam produtos primários e exportam produtos manufaturados para os países agrários e estes exportam produtos de pecuária e da mineração para o abastecimento daqueles, deles recebendo em troca esses mesmos produtos na forma manufaturada. A ferrovia, os portos e a navegação articulam e integram esses espaços em escala nacional e de mundo. A ferrovia organiza a movimentação no interior dos continentes, interligando, nos países industrializados, as áreas industriais umas com as outras e com os portos, e nos países agrários, as áreas monoprodutoras com os portos, garantindo os fluxos do mercado. O transporte marítimo faz o papel da escala intermediária com a função de ligar os continentes através dos oceanos.

E esse conjunto cria uma economia mundial pela primeira vez na história.

O sétimo espaço

Por volta dos fins do século XIX, a paisagem industrial se generaliza pelo mundo. Estamos na fase da segunda revolução industrial e a sua escala técnica cria um nível de desenvolvimento dos meios de transferência (transportes, comunicações e transmissão de energia) que difunde a atividade industrial por todos os continentes.

No campo da energia, o motor é a flexibilidade conferida pela hidreletricidade e, a seguir, pelo petróleo, à localização da indústria, liberando-a da tirania do carvão. Sendo uma forma de energia reversível, divisível, autorregulável e de transportabilidade quase instantânea, no que se mostra o oposto da energia do vapor do carvão, a eletricidade pode ser levada a qualquer ponto do território. E aí instalar indústrias. Além do que, permite maior simplicidade de funcionamento das fábricas (basta ligar/desligar o interruptor), barateando seu manuseio e o controle dos custos. E assim estimula a indústria a difundir-se por todos os países.

Até então, energia hidrelétrica fora coisa de usinas pequenas e isoladas que, facultadas pela combinação do dínamo, uma invenção do final do século XIX, com a turbina, inventada desde o século XVIII, aqui e ali apareciam instaladas nas altas montanhas (lugares onde a indústria se encontra ainda na fase de dispersão, já que a hidreletricidade é uma alternativa típica de países pobres em carvão mineral). O novo quadro técnico altera esse limite. A usina hidrelétrica se desvincula da queda d'água e se desloca do alto para o sopé das montanhas, liberta-se da localização rígida de antes e, a partir daí, interliga-se em rede à usina termelétrica, numa enorme revolução na técnica de transmissão de energia. A criação da técnica de barragens expande ainda mais a geração e o âmbito da distribuição da energia. E a rede de transmissão que a acompanha leva a energia para todos os lugares.

No campo dos transportes o impulso vem da invenção do motor a explosão, que elimina o que ainda há de barreiras à livre localização e expansão territorial da indústria. Baseada no petróleo, a máquina movida pelo motor de explosão é mais leve, menos volumosa e mais potente que a movida pelo motor do vapor do carvão, conferindo aos meios de transporte maior capacidade de carga, mobilidade territorial e rapidez de deslocamentos.

Em face da combinação energia-transporte, não há mais limite à propagação territorial da indústria. E então para a disseminação da divisão territorial industrial do trabalho e das trocas. Que se ramifica e irradia para todos os cantos. Até porque a eletricidade e o petróleo ensejam a criação de novos ramos industriais, favorecendo o aparecimento de novos materiais e novas formas de matéria-prima, que a indústria vai buscar em todos os continentes. A hidreletricidade permite a descoberta da eletrólise, que imprime um grande impulso à metalurgia e dá origem à indústria de alumínio. Por sua vez, o petróleo propicia a descoberta da química do carbono, que leva a indústria a entrar na fase da síntese orgânica, a fase das matérias-primas artificiais baseadas nos processos de catálise e polimerização, que dão origem à petroquímica e com ela à criação de materiais como os plásticos e as fibras artificiais substitutivas de metais leves. Acresce que, juntas, a eletricidade e o petróleo geram um novo conceito de matérias-primas. Este não mais significa matérias-primas vegetais e animais, que eram ainda a base de sustentação dos ramos industriais da primeira revolução industrial, mas minérios não ferrosos, substâncias hidrocarbonatadas, produtos a ser arrancados do subsolo.

E assim se cria uma forma e uma escala de relação da sociedade com a natureza com radical repercussão sobre o arranjo e a estrutura do espaço de todo o planeta. O aspecto mais importante dessa relação é o casamento da ciência e da técnica. Sinônimo do Estado consorciado com os monopólios (monopólio dos senhores da finança, da indústria e do comércio). Em nome do consórcio, o Estado implanta infraestrutura que barateia e organiza o fluxo do capital na escala do planeta. Nessa relação, o monopólio acumula e o Estado banca com recursos públicos o papel estruturante, formando uma alavanca que espalha a indústria e elimina a velha divisão do mundo em países industriais e países agrários, industrializando-se todos eles.

Não há mais também limite à transformação das paisagens e à unificação dos espaços. De início, a tecnologia da segunda revolução industrial vem em reforço do espaço organizado pela primeira. Mas dada a escala de concentração que traz consigo, rapidamente o reorganiza. É assim que a segunda revolução industrial aprofunda a diferença funcional entre cidade e campo, acentua o papel seletivo da especialização do campo orientada na pesquisa laboratorial, na mecanização e na motorização dos trabalhos agrícolas, aumenta a competitividade industrial entre os países, regula a organização espacial nos padrões da contabilidade industrial e na regionalização produtiva baseada na racionalidade dos mercados em escala mundial, e intensifica a hierarquização entre cidades e regiões.

Logo os mercados envolvem as cidades numa rede de relações hierárquicas, escalonando suas áreas de comando em três grandes níveis: a cidade dos pequenos núcleos urbanos, cujo domínio é o campo circundante com sua vida animada pelo ritmo das feiras do mercado local; a cidade de tamanho intermediário, cuja área de influência é uma região coalhada de manchas marcadas por forte presença industrial; e a cidade do tamanho desmesurado das metrópoles, expressão do sindicato das finanças, em nome do qual este se estrutura como centro de dominação mundial.

A aceleração dos meios de transferência leva, todavia, esse arranjo dividido em espaços regionais a desfazer-se paulatinamente, eliminando as fronteiras existentes entre eles e organizando o mundo num espaço em rede. De imediato, o aparecimento do motor elétrico aperfeiçoa os transportes ferroviário e marítimo. Por sua vez, o motor a explosão, surgido quase ao mesmo tempo, amplia o âmbito do alcance do transporte rodoviário, através do surgimento do caminhão e do automóvel, e cria o transporte aéreo. O caminhão estabelece o transporte porta a porta, impossível de ser realizado pela ferrovia. O avião, por sua vez, encurta o tempo dos percursos e dá um novo sentido à distância física. E assim rodovia, ferrovia, navegação marítima e aerovia se integram em rede, com o transporte rodoviário cumprindo em nível terrestre o papel de ordenamento do arranjo antes cumprido pela ferrovia, e a aviação dividindo com a navegação marítima o papel internacional antes cumprido por esta. Mas esse maior impulso vem, sobretudo, do desenvolvimento dos meios de comunicação, que agora se agigantam. Por muito tempo, a circulação do pensamento evoluiu em paralelo e na dependência da infraestrutura dos meios de transporte, de que se servia. As linhas do correio, da telegrafia e do telefone confundiam-se na paisagem com as linhas do transporte de energia, ferroviário, rodoviário e da navegação. O surgimento do rádio e da televisão, e, sobretudo, da tecnologia dos transistores, rompe o vínculo da dependência e dá início à fase autônoma das comunicações.

A relação até mesmo se inverte. Agora, é a tecnologia dos meios de comunicação do pensamento que ajuda os meios de transporte no seu desenvolvimento, a exemplo do papel que primeiro o rádio e depois o radar irão ter na autonomização e ampliação do raio de alcance de voo dos aviões. E a subversão se completa com a telemática e a infovia.

Dirigindo os fluxos de energia, objetos e ideias através de seus múltiplos meios (o trem, o navio, o caminhão, o avião e o automóvel, lado a lado com o telefone, o telégrafo, a televisão e o computador) mundo afora, a esfera da circulação se transforma numa potência autônoma, abarcando e fluidificando todos os espaços. Mares e continentes se fundem na potência combinada dos transportes e da comunicação. A rapidez dos deslocamentos reduz o tempo, encurta as distâncias, integra os signos monetários, une as escalas, completa a dissolução das fronteiras regionais, quebra os limites nacionais, e unifica sob um só padrão de uniformidade técnica o arranjo das paisagens em todo o mundo.

A espessura do espaço ganha extraordinária densidade social e técnica.

Vencedor dos constrangimentos territoriais, o fluxo de imagens e sons, lado a lado com o de produtos e bens móveis, povoa o mundo, a serviço das transações mercantis. E organiza, em nova escala, o consumo. Por meio do catálogo, abre opções de compra em rede, que vai, em escala, do armazém local às grandes lojas de departamentos, espalhando pontos de serviços por todas as cidades do mundo. Na prática, elimina os deslocamentos. Muda o conceito de mercado. E reorienta a indústria e a agricultura na sua localização, a partir dos aparatos da propaganda e da publicidade.

Cerne histórico do desenvolvimento e da organização do espaço pelos meios da circulação, a cidade assimila essa lógica que padroniza, organiza e integra em rede o mundo planetariamente, também se transformando radicalmente.

Até o começo do século XIX, nenhuma cidade ultrapassava a casa do milhão de habitantes. Com a industrialização, as grandes cidades vão se multiplicando em número e população, e se demarcando na paisagem radicalmente do campo. Empurrados pela alta produtividade da indústria e pela demanda de bens e serviços como o telefone, o rádio, a televisão e o automóvel, contingentes maciços da população, numa reedição do que antes acontecera com o setor agrícola, se deslocam agora do setor industrial para o dos serviços, terciarizando e metropolizando a cidade em muitos milhões de habitantes.

Vem daí o rearranjo interno do espaço urbano em reformas que rasgam largas avenidas sobre as ruínas dos velhos bairros operários, abrindo o espaço urbano de uma ponta a outra com o intuito de redistribuir a população, reorientar os fluxos de circulação e reaparelhar infraestruturas de acessibilidade. E que, ainda, o reordenam em anéis concêntricos, arrumados do centro para o círculo mais externo até os limites que o entrecruzam com o espaço rural. Anéis que visam resolver problemas de um cotidiano citadino desgastante de trânsito, de habitação e de precariedade de vida da população trabalhadora numa cidade que a mais das vezes se degradara social e ecologicamente.

No plano externo, planos de ação de escala territorial mais ampla movidos pelo Estado rearrumam o traçado regional das relações da cidade com o campo e outras cidades, abrindo o horizonte das comunicações sobre vastas áreas através do adensamento da rede dos meios de transferência. As vias e meios de transporte, comunicação e transmissão de energia rasgam a paisagem dos campos no rumo do contato entre as cidades, urbanizam o campo e praticamente eliminam a distância entre as cidades próximas, formando grandes extensões de espaços conurbados e integrados na cultura urbana. Estimulada, a indústria migra junto a essas expansões, em busca de áreas ainda não congestionadas. Então, o espaço volta a lembrar a relação entre a cidade e a indústria do tempo passado da manufatura. De início, cidade e indústria se confundem na fase da primeira revolução industrial. A cidade é o produto da indústria. A indústria é o fundamento e a gênese da cidade. Quando, entretanto, o espaço urbano atinge a escala de grande proporção da metrópole, a cidade terceiriza e cidade e indústria se separam. Sufocada no espaço complexificado da cidade, a indústria migra para ir alojar-se na circundância rural, cria nela novos polos e retorna historicamente ao campo, junto com a autoestrada, os trevos, viadutos e o deslocamento incessante do operariado. E se restabelece a unidade entre a cidade e o campo, agora sob face urbana, antes quebrada pela própria indústria. Campo e cidade se reaproximam ao redor da cultura e da paisagem da cidade. As paisagens voltam a ser indistintas. E a civilização humana se torna urbana.

O efeito é a industrialização ainda mais generalizada sobre os espaços do mundo, reorientando a divisão territorial do trabalho industrial, em favor de uma relação de intercomplementaridade. Até os começos da segunda revolução industrial, cada fase do processamento produtivo da indústria se fazia dentro do país industrializado. A generalização vai redistribuir essas fases entre os países, especializando-os por partes do processamento da produção e integrando-os no momento da montagem do produto final. É o modelo das montadoras se generalizando como relação industrial entre diferentes países.

Envolvidos nessa escala integrada, então os resíduos de espaços das velhas civilizações veem-se dissolver e começarem a desaparecer na paisagem: traços de antigas comunidades aldeãs desintegradas pelas monoculturas e centros mineiros, nas áreas de savanas que margeiam a floresta no continente africano; restos de um nomadismo desestruturado pela indústria petroleira, no ocidente asiático; resistências da cultura religiosa a uma cultura racionalista aqui e ali implantada pela técnica industrial do ocidente, no espaço dos velhos arrozais do oriente asiático.

Uma uniformidade técnica vai recobrindo esses espaços do mundo com a homogeneidade dos seus processamentos produtivos e a unificação dos mercados. É quando a finança assume o comando do sistema econômico mundial. E estabelece a era da hegemonia do capital financeiro.

O oitavo espaço

É então que a favor do capital financeiro a mídia toma conta da homogeneização cultural das paisagens e das sociedades. E cosmopolitaniza o espaço. A mídia torna imitativo o regime alimentar, o estilo da moda, o gosto do consumo, exemplos clássicos da diversidade nas antigas civilizações, em hábitos uniformizados em escala planetária. Dissolve as identidades: organizando os espaços até então ambientalmente heterogêneos segundo um mesmo padrão de técnica e de consumo. Põe os homens em todos os lugares e em nenhum deles cria raízes. E, por fim, desestrutura os *habitats*: ecletiza, banaliza e artificializa regras e costumes. Ao lado disso, a mídia é seletiva com o uso do território. Aniquila a paisagem como expressão do aniquilamento da cultura. E engendra uma era de espaço tenso. No campo, são as questões trazidas pela desterritorialização de velhos e sólidos modos de vida. Na cidade, as advindas de um cotidiano de superespecializações que desintegram os espaços públicos e explodem a personalidade humana em mil pedaços.

Problemas de um homem que quanto mais é despertado como indivíduo pelo tempo livre e pela liberdade de espaço ganhos com o advento do telefone, da televisão, do automóvel e do computador, mais vê agigantar-se diante de si um espaço paradoxalmente despersonalizado.

O nono espaço

Todavia, essas relações são o prenúncio das transformações que entram em curso e logo se aceleram com a entrada das sociedades na era da terceira revolução industrial, na virada do século XX para o XXI. Três grandes mudanças aqui se entrecruzam: a globalização, a complexificação e a biorrevolução. A globalização é a escala geográfica segundo a qual a sociedade, acompanhando o desenvolvimento dos meios de transferência e a integração dos lugares em rede, uma vez tornada mundial, passa a se organizar. A complexificação é a reunião numa só organização empresarial de setores de atividades nos quais, antes, cada empresa se especializava dentro da divisão do trabalho e das trocas, e que nessa fusão são transformadas num complexo empresarial, cada empresa virando um complexo de rede que no plano das relações de troca forma uma rede de complexos, cujo melhor exemplo são o complexo agroindustrial e o complexo produção-revenda-financiamento do consumo, hoje comum no âmbito das montadoras de automóveis. O todo da economia virando um complexo de complexos. A biorrevolução, por fim, é a nova base material, a forma nova de força e relação de produção dessa sociedade globalizada e estruturalmente complexificada. São o centro dessa base a engenharia genética e a informática –, a engenharia genética impactando os processamentos produtivos e a informática desde os processamentos produtivos até os meios de transferência –, a base comum de ambas sendo a microeletrônica. E o fundamento geral é a linguagem binária. A linguagem binária é uma estrutura informacional baseada em dois signos, que substituem os dez signos da estrutura decimal clássica. Indo da matemática, rompida com a linguagem decimal, à biologia molecular e aos processos de síntese da vida, o binarismo leva à eliminação das fronteiras entre as ciências e permite o diálogo imediato entre elas e de todas com a informática e a engenharia genética. O todo desse conjunto científico e técnico forma a biorrevolução. E na base dela está o processo do DNA recombinante. De modo que a biorrevolução significa uma enorme e geral transformação na vida e organização espacial da sociedade moderna: no campo da economia significa a instituição de um novo parâmetro para os processos produtivos tanto da indústria quanto da agricultura e da pecuária, com forte apelo à fusão desses setores – via supressão da fronteira da divisão do trabalho que as mantinha em atividades separadas – intensificando a complexificação da agroindústria; no campo dos conhecimentos, significa a introdução da compreensão holista de que todos os fenômenos e movimentos da natureza são mobilizados para a realização do processo de síntese da vida no planeta; no campo dos sistemas de energia, por fim, significa o surgimento da biomassa como nova forma de energia em substituição às formas de energia fóssil nas diversas áreas de consumo de energia da sociedade moderna.

Tudo implica, assim, uma ampla reestruturação do modo de organização e relacionamentos da sociedade e do espaço. Isto é, a constituição de uma nova forma de organização espacial para essa sociedade globalizada, estruturalmente complexificada e biorrevolucionada e na qual as fronteiras, forma de regulação espacial própria da fase industrial, devem ser dissolvidas e superadas. E assim se estabeleça o capital e a acumulação rentista, um capital por excelência sem fronteiras, como modo de organização hegemônica.

Três planos de fim de fronteira estão, portanto, aqui envolvidos: a fronteira do pensamento, a fronteira das instituições e a fronteira dos territórios. Para cada qual introjeta-se um movimento próprio de reestruturação (chamada desconstrução): para a fronteira do pensamento, o pós-moderno; para a fronteira das instituições, o neoliberalismo; e para a fronteira dos territórios, o neofordismo. Para cada qual cria-se uma equação reestruturante: para a fronteira do pensamento, o holismo; para a fronteira das instituições, o Estado-caixeiro-viajante; e para a fronteira dos territórios, a rede global. E para a totalidade dos encaixes, o paradigma de complexidade.

Daí a emergência de novos sujeitos: por um lado, a classe rentista, hegemônica sobre a reestruturação e que a conduz no sentido de levá-la a concretizar a livre mobilidade territorial como o novo modo espacial de regulação e domínio; por outro lado, as classes territoriais, formas de sociabilidade não capitalistas, que se pensava dissolvidas na história pela própria mundialização das relações avançadas de mercado, e que passam a intervir no processo da reestruturação ativamente. Desfaz-se, assim, talvez a última fronteira da agora velha sociedade industrial na história.

Nota

Texto publicado na revista *Ciência Geográfica*, ano IV, número 9, de janeiro/abril de 1998, da AGB-Bauru, reescrito a partir da redação original do jornal *O Espaço Geográfico*, números 2, 3 e 4, no ano de 1995, também da AGB-Bauru, e atualizado para o fim desta publicação.

Livros clássicos

BLACHE, Paul Vidal La. *Princípios da geografia humana*. Lisboa: Cosmos, 1954.
BRUNCHES, Jean. *Geografia humana*. Rio de Janeiro: Fundo de Cultura, 1962.
CLAVAL, Paul. *Geografia do homem*. São Paulo: Difel, s. d.
MARX, Karl. *O capital. Crítica da economia política*. Rio de Janeiro: Civilização Brasileira, 1985.
RECLUS, Elisée. *El hombre y la tierra*. Barcelona: Naucci, 6 volumes, s. d.
SANTOS, Milton. *Técnica, espaço, tempo. Globalização e meio técnico-científico e informacional*. São Paulo: Hucitec, 1994.
SORRE, M. *El hombre en la tierra*. Barcelona: Labor, 1967.

EPISTEMOLOGIA

A GEOGRAFIA SERVE
PARA DESVENDAR MÁSCARAS SOCIAIS

Nélson Werneck Sodré chamou a atenção, em livro de 1978, para o uso ideológico da geografia pelo capitalismo no decorrer do período do colonialismo e do imperialismo. Mas o que nele expõe, referindo-se à ideologia do determinismo geográfico e à geopolítica, nem de longe se compara com a manipulação denunciada por Yves Lacoste (1974 e 1977).

Lacoste abre seu livro de 1977 afirmando:

> Toda a gente julga que a geografia mais não é que uma disciplina escolar e universitária cuja função seria fornecer elementos de uma descrição do mundo, dentro de uma certa concepção "desinteressada" da cultura dita geral [...] Pois qual poderia ser a utilidade daquelas frases soltas das lições que era necessário aprender na escola? A função ideológica essencial do palavreado da geografia escolar e universitária foi sobretudo de *mascarar*, através de processos que não são evidentes, a utilidade prática da análise do espaço, sobretudo para a condução da guerra, assim como para a organização do Estado e a prática do poder. É, sobretudo, a partir do momento em que surge como "inútil", que o palavreado da geografia exerce sua função mistificadora mais eficaz, pois a crítica de seus fins "neutros" e "inocentes" parece supérflua. É por isso que é particularmente importante desmascarar uma das funções estratégicas essenciais e demonstrar os subterfúgios que a fazem passar por simples e inútil (Lacoste, 1977: 3).

Essa necessidade lança um desafio aos cientistas e estudiosos de geografia. Definida como a ciência da organização do espaço, a geografia até agora negligenciou seu próprio fundamento de cientificidade. Desprestigiados por todos quantos se preocupam com as questões da teoria e da prática da transformação social, os geógrafos não alcançaram o quanto o desprestígio reflete uma incômoda realidade. Eles não perceberam que o que lhes falta é pôr os pés no seu próprio chão, e, então, propor uma teoria do espaço que seja uma teoria social.

Os termos da questão

Lacoste intitulou seu livro *A geografia serve antes de mais nada para fazer a guerra*. Diríamos, alargando o significado desse enunciado, que a geografia, através da análise do arranjo do espaço, serve para desvendar máscaras sociais. É nossa opinião que por detrás de todo arranjo espacial estão relações sociais, que nas condições históricas do presente são relações de classes.

Com isso, afirmamos que espaço é história, estatuto epistemológico sobre o qual a geografia deve erigir-se como ciência. E tal noção reside na mera constatação de que a história desenrola-se no espaço geográfico, mas, antes de tudo, de que o espaço geográfico é parte fundamental do processo de produção social e da estrutura de controle da sociedade.

Compreendido como reunião de dois processos articulados que são vitais à análise de uma formação econômico-social – o de produção social e o de controle de suas instituições e relações de classes –, o espaço é uma entidade de rico tratamento científico.

O processo formador do espaço geográfico é o mesmo da formação econômico-social. Por isso, tem por estrutura e leis de movimento a própria estrutura e leis de movimento da formação econômico-social. Podemos, com isso, doravante designar o que até agora chamamos de organização do espaço por formação espacial, ou formação socioespacial, como propôs Santos (1978).

Confundindo-se com a formação econômico-social, a formação espacial contém sua estrutura e nela está contida, numa relação dialética que nos permite, através do conhecimento da estrutura e dos movimentos da formação espacial, conhecer a estrutura e os movimentos da formação econômico-social, e vice-versa. Relação que é de fundamental importância à destinação do estudo da formação espacial para o conhecimento da formação econômico-social. E chave da inserção da geografia e dos geógrafos no campo da teoria e prática da transformação social, no sentido da resolução dos problemas mais candentes de nossa época ao lado dos demais estudiosos sociais.

É fácil perceber-se, por exemplo, através de elementos do arranjo espacial (objetos espaciais), a fusão do espaço com as relações que compõem a estrutura da formação econômico-social, como a fábrica (relação econômica), o tribunal (relação jurídico-política) e a Igreja (relação ideológica). Fica evidente, portanto, que tais elementos do arranjo espacial não se encontram soltos no espaço, pois se inserem numa lógica de arranjo espacial que reproduz a própria lógica do modo de produção a que pertencem.

A fábrica moderna, por exemplo, jamais seria um objeto espacial encontrado na paisagem de uma formação econômico-social feudal. Qualquer objeto espacial, a exemplo da fábrica, só pode ser apreendido quando visto no interior da totalidade social de que faz parte. Desligado dessa contextualidade, perde completamente sua expressão e seu valor analítico.

Se, por um lado, a presença da fábrica na paisagem sugere revelações sobre o grau de relacionamento do homem com o seu meio físico, por refletir determinado estágio de desenvolvimento das forças produtivas, daí sua ausência na paisagem de uma formação espacial feudal, por outro lado, seu significado e papel na dinâmica do espaço só podem ser apreendidos na medida em que se distingam as relações sociais que a originaram e comandam.

Assim, desde que conceituado nos quadros de uma teoria do espaço geográfico submetido ao rigor epistemológico necessário e da compreensão de que a geografia é, por origem, uma ciência social, por construir-se sobre um objeto de natureza historicamente determinada (o espaço), e que, portanto, seus objetos (os objetos espaciais), como a fábrica do nosso exemplo citado anteriormente, tiram seu significado da natureza da totalidade social de que fazem parte, perdendo completamente sua expressão quando isolados dessa totalidade, o arranjo espacial pode e deve ser transformado numa categoria de análise, de fundamental valor para a análise do espaço. E, por extensão, de cada formação econômico-social, como deve ser o objetivo da geografia e do geógrafo.

Ora, como vimos que o arranjo espacial é a própria estrutura da totalidade social, e como na base dessa estrutura está a natureza do processo de reprodução social, é no conhecimento das leis que regem esse processo de reprodução que deve se apoiar a análise do espaço.

Como, em face da sua natureza, pode-se partir do arranjo espacial para o conhecimento das leis da reprodução social, ou vice-versa, há aí uma flexibilidade de alta importância para o geógrafo. O importante é que sempre se tenha em vista a necessária relação entre o arranjo espacial e o contexto social de que faz parte.

Objeto e objetivo da geografia

O espaço é o objeto da geografia. O conhecimento da natureza e das leis do movimento da formação econômico-social por intermédio do espaço é o seu objetivo. O espaço geográfico é o espaço interdisciplinar da geografia. É a categoria por intermédio da qual se pode dialogar com os demais cientistas que buscam compreender o movimento do todo da formação econômico-social, cada qual a partir de sua referência analítica.

A noção de espaço como chão da geografia é, certamente, um tema que perpassa todos os discursos geográficos em todos os tempos, tal como se pode aferir duma simples confrontação da maneira como os geógrafos a vêm definindo no tempo.

Os gregos definiam a geografia em seu sentido etimológico: como descrição da Terra. O objeto da geografia seriam os fenômenos da superfície terrestre, mas como esses tinham sua gênese numa escala fenomenológica que transcendia a epiderme do planeta, suas dimensões eram cósmicas.

Essa foi a herança que se arrastou até o século XVIII e foi desenvolvida por Estrabão, Ibn Khaldun, Cluverius, Avenarius, cada qual alargando o seu campo de conhecimento e esboçando uma primeira sistematização da geografia como ciência.

O período científico que tem lugar no século XVIII se inicia, no dizer de Tatham, com os alemães J. R. e J. G. Forster (Tatham, 1959). É nesse período que Kant lança os alicerces da geografia científica, após lecioná-la por 40 anos (de 1756 a 1796) na Universidade de Königsberg, e arrola os princípios que serão retomados por Ritter e Humboldt no século XIX.

Durante toda a segunda metade do século XIX e a primeira metade do século XX, por quase um século, o pensamento geográfico girou em torno de duas matrizes: a escola francesa e a escola alemã, multiplicando-se as definições, em todas as quais o espaço está implícito. La Blache define-a como o estudo das regiões e Hettner como o estudo das diferenciações de áreas. Delas, Carl Sauer, no Estados Unidos, extrai a definição de estudo das paisagens humanizadas, nascendo o que veio a chamar-se geografia cultural, talvez pretendendo fugir à dicotomia homem-meio ou vendo na cultura a resposta.

Continuador conspícuo da tradição francesa, George, marxista e militante do PCF até o rompimento em 1956, define a geografia como estudo da organização do espaço pelo homem, refletindo a influência de F. Perroux e de seus trabalhos sobre a economia espacial, particularmente de sua teoria de polos de crescimento.

Não é nosso intuito traçar neste texto um retrospecto da evolução do pensamento geográfico, embora seja nossa opinião de que é hoje uma necessidade das mais prementes o desenvolvimento de trabalhos histórico-críticos sobre o saber geográfico. Mas queremos ver que se o espaço foi sempre o "chão" desse saber, como se explica não ter sido notado, dotado do mínimo rigor teórico e epistemológico e usado como instrumento de conhecimento e transformação das sociedades? Questões que, para os geógrafos, são ainda mais desafiantes quando se observa que o espaço é hoje tema comum nos trabalhos das demais ciências sociais, como a economia, a sociologia e a antropologia. Quando se observa, enfim, que o espaço foi descoberto pelo capital como instrumento de acumulação e poder.

A geografia é uma ciência social

Tendo por objeto uma categoria de caráter social, o caráter científico da geografia fica determinado pelo caráter do seu objeto. Ora, o espaço é essencialmente um ente social.

Pelo que já se deu a entender, o espaço não é suporte, substrato ou receptáculo das ações humanas. E não se confunde com a base física. O espaço geográfico é um espaço produzido.

Nele a natureza não é mera base ou parte integrante. É uma condição concreta de sua produção social. E isso porque a natureza é uma condição concreta da existência social dos homens. Conquanto a "primeira natureza" não seja o espaço geográfico, não há espaço geográfico sem ela.

Sobre esse assunto, que merece de uma teoria do espaço viva atenção, vale lembrar que de todos os objetos existentes num arranjo espacial, os de ordem natural são os únicos que não derivam do trabalho social. São valores de uso que podem servir à construção de uma sociedade dos homens ou para a produção de valores de troca numa sociedade mercantil.

Seja como for, a "primeira natureza" é incorporada ao espaço do homem quando é absorvida pelo processo da história humana. Daí decorre que sua importância geográfica resulta, sobretudo, do fato de situar-se no próprio âmago do caráter social do espaço do homem. Sendo esse âmago o trabalho social, a "primeira natureza" integra a própria base social da sociedade humana.

O espaço como produto social

O caráter social do espaço geográfico decorre do fato simples de que os homens têm fome, sede e frio, necessidades de ordem física decorrentes de pertencer ao reino animal, ponte de sua dimensão cósmica. No entanto, à diferença do animal, o homem consegue os bens de que necessita intervindo na "primeira natureza", transformando-a. Transformando o meio natural, o homem transforma-se a si mesmo. Ora, como a obra de transformação do meio é uma realização necessariamente dependente do trabalho social (a ação organizada dos homens em coletividade), é o trabalho social o agente de transformação do homem de um ser animal para um ser social, combinando esses dois momentos em todo o decorrer da história humana (Engels, 1978).

Decorre disso que a formação espacial deriva de um duplo conjunto de interações, que existem de forma necessariamente articulada: a) o conjunto das interações homem-meio; e b) o conjunto das interações homem-homem. Tais interações ocorrem simultânea e articuladamente, sendo, na verdade, duas faces de um mesmo processo.

O caráter simultâneo e articulado dessas interações pode ser expresso nos seguintes termos: os homens entram em relação com o meio natural através das relações sociais travadas por eles no processo de produção de bens materiais necessários à existência. Engels já observava que os homens entram em relações uns com os outros através do trabalho de transformação da natureza. Não haveria relações sociais se não houvesse a necessidade de os homens transformarem o meio natural em meio de subsistência ou de a este chegarem por meio do trabalho.

Decorre do exposto que é o processo de produção dos bens necessários à existência humana, no bojo do qual se dão tais interações, que confere unidade entre eles e com o meio.

Eis por que achamos que toda análise da formação espacial confunde-se com a análise do processo do trabalho dentro do processo de produção. Vejamos isto em termos breves.

A consecução dos bens de subsistência humana implica uma intervenção do homem em seu meio natural, inicialmente sob a forma de extração e a seguir sob a forma de uma transformação crescentemente complexa, do ponto de vista da história. Eis a origem da primeira forma de interações: a relação homem-meio.

Ocorre que essa consecução dos bens, seja pela forma mais primitiva, seja pelo ato mais complexo de transformação do meio natural em produtos, é uma tarefa que transcende ao trabalho individual do homem, sobretudo em face da crescente complexidade que adquire mais e mais no tempo o processo de produção por realizar-se sob a dependência do emprego de forças produtivas crescentemente mais evoluídas. Implica, pois, uma divisão de trabalho. Em trabalho social, portanto. Ora, trabalho social significa o travamento de relações entre os homens que se reúnem para o ato de produzir. Por exemplo, implica a tarefa de se definir o que produzir, como produzir e o modo de repartir a riqueza coletivamente produzida. Implica, pois, determinadas relações sociais. Eis a origem da segunda forma de interação: a relação homem-homem.

São todas essas interações que estão na base estrutural das formações espaciais que se sucederam no tempo. E aquelas interações são seu conteúdo e ponto de origem.

O discurso geográfico clássico, não só lablacheano, apenas viu a primeira forma de interação, não percebendo, ou evitando perceber, que a relação homem-meio é, antes de tudo, uma relação social homem-homem. Não é de estranhar que essa concepção de geografia que só considera a relação homem-meio tenda além disso a dicotomizá-la.

Parece-nos pertinente, por essas razões, proporcionais tomar a geografia como a ciência de análise das formas espaciais que transformam as relações homem-meio e homem-homem numa dada formação econômico-social. Nesse sentido, ciência de análise da formação espacial.

Espaço social e espaço-tempo

Todo objeto tem dupla dimensão: a espacial e a temporal. Se os geógrafos, por força da tradição de sua disciplina, não puderam abstrair a relação homem-meio no conceito de espaço, o fizeram, entretanto, no de tempo. Daí o espaço geográfico ter-se tornado, no dizer de Foucault, um espaço congelado (Foucault, 1979).

Durante todo o tempo, os geógrafos trabalharam seu objeto tendo uma noção dicotômica de tempo e espaço. Estranhamente, sempre viram a relação homem-meio como tempo (porque vista numa relação com o trabalho), mas raramente como espaço.

Ora, a relação homem-meio não é só movimento temporal, mas movimento dialético de transformação recíproca de conteúdo e forma, equivalentes de tempo e espaço, porque de continuidade e descontinuidade. Esse caráter dialético é que faz compreender as leis de movimentos da relação homem-meio como formação espacial.

É através da dialética do espaço-tempo que podemos acompanhar os processos e os estágios de desenvolvimento das formações espaciais enquanto estágios diferentes da relação homem-meio no tempo. Sem ela, a noção de arranjo espacial torna-se estática, meramente uma estrutura formal da formação econômico-social.

Espaço e acumulação

A formação espacial é o todo estrutural do espaço produzido. E isso decorre do fato de que os homens suprem suas necessidades convertendo a terra, que Marx denominou sua despensa primitiva, em vida por meio do trabalho social. Por outro lado, a formação espacial é a própria formação econômico-social em sua expressão espacial, contendo a estrutura e as leis de movimento desta.

Retomemos essas duas afirmações, a fim de, estabelecendo a unidade necessária entre base econômica (infraestrutura) e totalidade social, precisarmos a noção e o significado exatos de tudo isso como modo espacial de produção.

O processo de desenvolvimento das sociedades humanas implica um armazenamento contínuo de um arsenal de coisas produzidas pelos homens, como instrumentos de trabalho e conhecimentos, de que eles se valem para reproduzir sua existência social em caráter contínuo e impulsionar o progresso sempre para frente.

Os objetos do arranjo espacial e o próprio arranjo em seu todo são exemplos de formas dessas coisas produzidas e acumuladas no decurso infinitamente contínuo do processo evolutivo da história.

Para que a produção seja um processo contínuo, necessário se torna que o ato de produzir gere simultaneamente os bens de consumo e os que garantam a continuidade. Como exemplo, que parte das sementes cultivadas seja separada para a reprodução; que a força de trabalho despendida pelo trabalhador encontre, ao lado do consumo, descanso e lazer, indispensáveis à sua reprodução; que as ferramentas de trabalho surgidas no processo de trabalho sejam reincorporadas à produção. Assim, cada atividade e cada relação se repete no processo da história continuamente.

Quando o processo de produção se repete cada ano nas mesmas proporções, como ocorre com as comunidades agrícolas primitivas e o pequeno artesanato, diz-se que há reprodução simples. Quando o processo de produção se repete sob uma forma mais vasta, diz-se que há reprodução ampliada. Vê-se, pelo exposto, que só existe acumulação quando a reprodução pela repetição é do tipo ampliado.

O espaço geográfico tem uma participação relevante no processo da reprodução, seja na reprodução simples, seja na reprodução ampliada. Os objetos do arranjo da "segunda natureza", tais como prédios, caminhos e lugares de trabalho, ou da "primeira natureza", tais como água, solos e jazidas minerais, bem como a própria disposição do arranjo, são aspectos daquilo de que se valem os homens para uma produção contínua e que Marx denominou de condições de reprodução.

A reprodução só se realiza quando é reprodução total da sociedade. Por isso o controle dos meios de reprodução como os objetos do espaço são matéria de forte disputa por controle dentro da formação econômico-social.

No modo de produção capitalista, tipo de sociedade em que vivemos, os objetos espaciais são meios de produção e reprodução do capital, ou seja, veículos por meio dos quais a força de trabalho operária, produzindo a mercadoria, produz mais-valia e sua incorporação ampliada ao capital. Dessa maneira, seu controle significa o próprio controle da reprodução da sociedade capitalista como um todo e o seu uso, a garantia de que servirão à reprodução do capital.

Sendo assim, uma formação espacial capitalista encerra em seu cerne a luta que travam capital e trabalho ao redor do controle dos meios e modos da reprodução. Primeiramente, porque através dos elementos extraídos à "primeira natureza" o que se garante não é a conversão da dispensa primitiva em meios de sobrevivência dos homens, mas a reprodução, sob a forma de matérias-primas brutas, do capital circulante. Em segundo lugar, porque através da geração de condições espaciais de reprodução o que se gera não são aquelas condições de continuidade da vida sem as quais os homens não garantem com regularidade a sua sobrevivência, mas a reprodução do capital fixo. Em terceiro lugar, porque através do uso do capital circulante e do capital fixo o que se está gerando não são as estruturas de reprodução da vida dos homens, mas a própria sociedade capitalista.

E porque, em belíssimo e inspirado texto, afirma Oliveira:

> Não pode o Estado solucionar o chamado problema de transporte urbano? Pelo tamanho do excedente que maneja, pode; mas, se esse excedente provém em parte da produção automobilística, então não pode. Pode o Estado solucionar o chamado problema da poluição? Com tanto chão neste país, parece que se poderia descentralizar a indústria, principal poluidora; mas o chão da pátria não é chão, é capital. (Oliveira, F., 1977: 75)

Espaço e reprodução estrutural

Elemento orgânico da reprodução, o espaço é uma componente-chave de qualquer estrutura de sociedade. Esclareçamos.

Em primeiro lugar, a sociedade humana teria existência efêmera e restrita ao momento de conversão da "primeira natureza" em bens pelo trabalho social, se não contasse com uma estrutura de produção duradoura e definitiva. Terminado o processo de produção desses bens, a ordem espacial oriunda do trabalho social como origem e condição, ao mesmo tempo, de realização do valor, se extinguiria. E com ela a constituição da sociedade. É devido ao fato de que a ordem espacial tem permanência que se dá a reprodução ampliada da sociedade na história em caráter de existência permanente. E vice-versa no sentido da sociedade para o espaço. Fica mais uma vez patente o vínculo existencial entre formação espacial e formação econômico-social: como a reprodução é produção em caráter ampliado e permanente, num *continuum*, a formação espacial ganha um caráter de garantia da permanência da formação econômico-social.

Em segundo lugar, decorre dessa relação com o processo da produção-reprodução social a relação básica de correspondência entre a formação espacial e a formação econômico-social. Produzida simultaneamente e pelo mesmo processo de produção da formação econômico-social, a formação espacial exerce papel dialético fundamental na dinâmica da formação econômico-social como um todo, numa relação de correspondência necessária, já que é dela resultado e condição de reprodução.

Mas a relação de correspondência básica, a que estudamos primeiro, é o fundamento da correspondência necessária, a segunda, vinculando entre si a formação espacial e a formação econômico-social, com a relação de base orientando a relação do todo. Dito de outro modo, se a formação econômico-social organiza a formação espacial em se organizando, estrutura a formação espacial em se estruturando, origina a formação espacial em se originando, transfere para ela as suas leis de funcionamento e seus movimentos, isso tudo ocorre também no sentido inverso, da formação espacial para a formação econômico-social.

Acompanhemos mais de perto esse processo de reciprocidade de influências entre base e todo que se verifica em decorrência da relação de correspondência constitutiva entre a formação espacial e a formação econômico-social.

A produção de bens é feita em razão das necessidades de consumo, realizando-se tanto a produção quanto o consumo segundo as leis historicamente determinadas da sociedade próprias à natureza de cada modo de produção. Como o montante dos bens oriundos do processo de produção desaparece sob o ato do consumo, o processo de produção se repete continuamente, isto é, se reproduz sempre.

Coloca-se, aqui, a questão das articulações das instâncias que qualificam como formação econômico-social uma dada sociedade, e assim delas com a formação espacial em termos de totalidade na história.

Dependendo da posição em que os homens se coloquem em face da propriedade dos meios de produção (meios e força de trabalho), as relações de produção serão relações sociais entre proprietários iguais ou não, surgindo, no segundo caso, uma estrutura social de classes, que comandará o processo da formação econômico-social como um todo. Assim, numa formação econômico-social desse tipo, toda vez que no processo de produção se reproduzirem as relações econômicas existentes, com a reprodução destas estará se reproduzindo a própria estrutura de classes em geral. Ora, para que tal encadeamento de reprodução realizado no nível da infraestrutura econômica se faça sem risco de ruptura na continuidade da produção, surge a superestrutura com suas relações sociais jurídicas, políticas, ideológicas e culturais para garantir as relações da base.

Mas o fenômeno da reprodução é, como observa Lefebvre, um processo liderado pela forma de relação que no momento tenha o primado dos movimentos da história, numa dialética de comando na qual as relações sociais de todos os níveis perpassam e se determinam continuamente umas às outras (Lefebvre, 1973). De modo que na formação espacial se realiza todo o processo reprodutivo realizado na formação econômico-social – exigência para que o espaço e seu arranjo atuem como condições de reprodução da sociedade –, e o que estamos pondo em realce é que todo movimento resultante do atravessamento das relações econômicas e das relações superestruturais no todo não são movimentos separados entre si e entre a formação espacial e a formação socioeconômica.

O espaço geográfico intervém, portanto, como regulador. Aqui da produção e ali do controle social. A produção como relação infraestrutural (arranjo econômico) e o controle social como relação superestrutural (arranjo ideológico-cultural e jurídico).

Fica alargada, assim, a noção inicial de correspondência entre o espaço produzido e o processo da produção da sociedade, que anteriormente denominamos relação de correspondência básica e seu equivalente na relação de correspondência necessária.

Reprodução espacial e estruturas de relação

Se observarmos uma quadra de futebol de salão, notamos que o arranjo do terreno reproduz as regras desse esporte. Basta aproveitarmos a mesma quadra e nela sobrepormos o arranjo espacial do futebol de salão, do volei, do basquete ou do handebol uns sobre os outros, cada qual com "leis" próprias, para notarmos que o arranjo espacial de um diferirá do outro no terreno. Diferirá porque o arranjo espacial, ao se confundir com as regras do jogo, segue as regras de cada um dos esportes citados. Se fossem as mesmas as "leis" para todos eles, o arranjo seria um só.

Naturalmente que a transposição do exemplo da quadra de esportes para o que ocorre com a formação espacial implica alguns cuidados, como de resto deve acontecer com as analogias. Não se trata de uma diferença de escalas, apenas, mas de natureza qualitativamente distinta entre a quadra e a formação espacial, embora possamos falar da quadra como de uma formação espacial. Mas as regras do esporte são regras simples e quase mecânicas, com intuitos de repetições de jogadas de reduzidas margens de variações. As leis de uma formação econômico-social são de uma ordem de grande complexidade, porque se referem a movimentos determinados historicamente. Confundindo-se com estruturas complexas e enquadradas no tempo histórico, e não no tempo sideral como o da quadra, a formação espacial tem uma estrutura complexa e submetida ao tempo histórico.

O modo de reprodução espacial

Uma formação econômico-social tem uma estrutura total formada pelo atravessamento de três níveis de relações (instâncias): uma infraestrutura (a instância econômica) e duas superestruturas (a instância jurídico-política e a instância cultural-ideológica).

Essas três instâncias permeiam-se, formando uma totalidade social única e ao mesmo tempo diferenciada. Embora no interior dessa totalidade guardem certa autonomia, não se pode falar de três, exceto em benefício (ou deformação?) da análise científica. Projetando-se umas sobre as outras, cada qual contém as demais, de modo que um fenômeno social qualquer é, ao mesmo tempo, econômico, jurídico-político e cultural-ideológico. Tal concepção de unidade decorre da própria concepção de totalidade social, que não deve ser entendida como uma combinação de partes ou um todo articulado de partes. Uma totalidade social não é um sistema, é um todo confundido com as partes, sendo cada parte a forma específica como se manifesta o movimento multifacetado do todo. Assim, o Estado, por exemplo, não é uma parte da formação econômico-social, mas uma forma específica de como o todo se manifesta, sintetizando essa "parte". O raciocínio é o mesmo para a cultura, a política, a ideologia ou a economia. É a advertência de Lefebvre.

O espaço é a síntese projetiva desses três níveis de relação, sendo todas elas espaço de modo diferenciado e simultaneamente justamente por seus arranjos. Podemos, no entanto, visualizá-las como estruturas individuais, a fim de analisarmos o peso de regulação de cada qual no processo da reprodução da formação econômico-social através dos arranjos do seu espaço.

Espaço e instância econômica (o arranjo espacial econômico)

A articulação do espaço como instância econômica se expressa visualmente na forma do arranjo espacial econômico. Tal arranjo é, em essência, o resultado de como se exprimem no âmago da instância econômica as forças produtivas e as relações de produção.

As forças produtivas articulam a força, os objetos e os meios de trabalho. Os meios e os objetos de trabalho constituem os meios de produção, as forças produtivas distinguindo-se em força de trabalho e meios de produção, vistas sob esse novo prisma. Somente quando a força de trabalho põe os meios de produção em movimento é que as forças produtivas se unificam e ganham vida como um todo, efetivamente atuando como forças.

O espaço atua assim como força produtiva sob dupla forma: como objeto de trabalho (o arranjo natural do arsenal primitivo) e como meio de trabalho (o arranjo social produzido pela acumulação). No primeiro caso, como "primeira natureza". No segundo, como "segunda natureza" ou espaço produzido. Enquanto objeto de trabalho, a inserção do espaço se faz por intermédio dos seus componentes de ordem natural, seja sob a forma de matérias-primas, seja semielaboradas. Enquanto meio de trabalho, essa inserção se faz por intermédio dos seus componentes históricos, isto é, dos objetos espaciais nele gerados, organizados e acumulados pelo incessante processo da reprodução ampliada. Vimos que é isso que o faz surgir nas formações econômico-sociais como condição de reprodução das relações da sociedade.

As relações de produção articulam o conjunto das forças produtivas. As forças produtivas agem combinadas com as relações de produção, havendo aí uma contradição. As relações de produção regulam e controlam o movimento de conjunto das forças produtivas, coordenando-as como meios de reprodução e liberando ou bloqueando a continuidade do seu desenvolvimento. De forma que se contraditam o grau de desenvolvimento das forças produtivas e o caráter de controle das relações de produção.

Nas condições do modo de produção capitalista, que até aqui temos considerado, as forças produtivas se encontram em um alto grau de desenvolvimento, o que implica dizer uma relação do homem com o meio físico caracterizada pela forte presença técnica do homem. Como tudo isso significa uma ampla divisão social/territorial de trabalho, é aqui que entram as relações de produção. As relações de produção expressam-se a partir da relação de propriedade: a força de trabalho, e somente ela, pertence ao proletariado, o qual tem que levá-la ao mercado para vendê-la e em troca adquirir meios de subsistência; os meios de produção (objeto e meios de trabalho) pertencem à burguesia, que nada podendo fazer sem a força que os transforme em forças produtivas, compra a força de trabalho do proletário, para, fundindo a totalidade das forças produtivas em suas mãos, levá-las a produzir mais-valia. Assim, "o chão é capital" e a formação espacial tem sua estrutura e movimentos coordenados pelo entrechoque da relação de propriedade, capitalista no caso. As relações de propriedade se metamorfoseiam dentro do movimento de produção capitalista, assim se diferenciando e se multiplicando em outras formas como a relação de trabalho (divisão social e técnica), a relação de trocas, a relação de repartição da riqueza socialmente produzida, a relação de consumo, todas elas complexificando o universo das relações de produção. E são essas relações de produção que configuradas como espaço, a exemplo da divisão territorial do trabalho ou da escala dos mercados, fazem do espaço uma instância de regulação das relações societárias por excelência. De modo que são as relações de produção que dão ao arranjo do espaço toda a complexidade estrutural e de formas que conhecemos.

Podemos, então, imaginar um arranjo espacial econômico numa formação econômico-social capitalista, imaginando o mapa desse arranjo: aqui uma área industrial, acolá uma área mineira, localizada mais além, e entre esses espaços, uma área urbana, no derredor, arrumadas em círculos concêntricos à cidade, áreas agrícolas, encerradas por áreas de pastagem, tudo interligado por uma rede de comunicações e transportes que parte do centro urbano e por este é integrada como uma só unidade de espaço. Podemos imaginar esse arranjo como uma porção, por sua vez, de um espaço de escala mais ampla, no qual inúmeras outras porções de arranjo igualmente simples ou mais complexo se articulam numa sucessão de hierarquias, definidas em termos de desiguais níveis de equipamentos terciários, numa relação de dominâncias em que cada cidade maior engloba outra, até atingir-se um espaço total que é o espaço hierárquico de uma metrópole. Surge assim a instância econômica enfeixando e articulando a totalidade social a partir de uma densa, hierárquica e ramificada rede de relações que cobre todas as porções e atinge todos os objetos do arranjo.

Um arranjo assim poderia estar confundindo-se a uma formação econômico-social altamente desenvolvida e composta por: a) uma densa divisão territorial do trabalho, representada pelas diferentes fases do circuito do capital dentro do espectro econômico (capital industrial, capital agrário, capital terciário, capital bancário), isto é, por sua divisão em setores e respectivas ramificações; e b) diferentes níveis de articulação e integração internas das forças produtivas, significando os diferentes níveis da taxa de composição orgânica de capital.

Ademais, como o espaço capitalista é um espaço de relações contraditórias, porque comandado pela lei do desenvolvimento desigual e combinado, o arranjo espacial econômico compreenderá inúmeras desigualdades. As porções que atuarem como *locus* da acumulação, em particular a metrópole central, são aquelas na qual a riqueza irá se concentrar; as porções que atuarem como *locus* de produção e perda de excedentes são as que mais irão empobrecer. *Locus* de riqueza e *locus* de pobreza, cada uma das porções do arranjo reproduz, ao seu feitio, aquela lei básica do movimento. Basta olharmos o arranjo espacial de uma cidade para vermos na sua paisagem a divisão social nos bairros e áreas de residência em que residem classes diferentes. Sendo a estrutura da formação espacial a própria estrutura da formação econômico-social, mais importante é o que revela o visual da paisagem: a desigualdade espacial é a própria desigualdade da sociedade que nela se representa.

Espaço e instâncias superestruturais (os arranjos espaciais superestruturais)

Todo esse raciocínio aplicado à instância infraestrutural se aplica também às instâncias superestruturais. Mas aqui como um reforço do caráter regulatório do espaço.

A forte integração que há entre as instâncias jurídico-política e ideológico-cultural, sobretudo em face da onipresença crescente do Estado nas sociedades modernas, desaconselha separá-las. O que dá razão a Foucault, quando este observa que "se quisermos perceber os mecanismos de poder na sua complexidade e nos seus detalhes, não poderemos nos ater unicamente à análise dos aparelhos de Estado" (Foucault, 1979: 160). Todavia, talvez se possa falar de um arranjo espacial jurídico-político e de um arranjo espacial ideológico-cultural em termos de paisagem, se tomarmos noções como as propostas por Althusser de aparelhos repressivos e aparelhos ideológicos de Estado (Althusser, 1974). De qualquer modo, os objetos de arranjo de cada um desses aparelhos são visíveis, individualizáveis e identificáveis na paisagem.

Surgidas, sobretudo, para o fim de regulação da instância econômica, regulação que já começa dentro da infraestrutura econômica com as relações de produção, as instâncias superestruturais mobilizam cada vez mais o espaço como via de controle de eventuais conflitos trazidos aos processos econômicos pelas próprias contradições estruturais do sistema.

Temos exemplo disso na história brasileira, em que essas duas instâncias se integram completamente. Quando a crise do modelo econômico foi explicada como tendo sido gerada pela crise do petróleo, interveio o Estado com o planejamento do espaço como medida de solução: tomando em conta o arranjo espacial de consumo de combustível existente, os postos de gasolina permaneceriam abertos nos fins de semana, guardada uma adequada distância entre eles e deles com os centros urbanos. Esse arranjo regulou o acesso ao combustível e manteve seu consumo dentro dos limites.

O arranjo espacial jurídico-político

Dizia-se na formação econômico-social persa antiga, dos tempos de Dario I, uma formação econômico-social tributária, que "os sátrapas são os olhos e os ouvidos do rei". Nada mais revelador do caráter jurídico-político de um arranjo espacial, um arranjo moldado sobretudo pelo Estado.

Ocorre que os propósitos desse arranjo revelam bem a articulação que existe numa formação econômico-social entre essa instância e a instância econômica. A conquista de um território extenso formado pela anexação militar de territórios de outros povos tinha por finalidade a cobrança de tributos. A par de garantir a cobrança regular dos tributos, o arranjo em satrapias visava garantir o exercício da dominação e o controle da integridade do império. A fórmula encontrada foi a criação de uma malha político-administrativa dividida em satrapias da qual não escapasse qualquer parte do espaço sob domínio persa. Com base nessa malha, os aparelhos de Estado jurídico-políticos e ideológicos puderam ser estrategicamente distribuídos: os sátrapas (governadores), os organismos de tributação, os contingentes militares de ocupação, as estradas e o correio a cavalo.

Exemplos como esse se multiplicam na história. O que hoje de novo haveria seria a multiplicação de aparelhos jurídico-políticos voltados para as necessidades de controle específicas do modo de produção capitalista, um modo de produção mercantil por excelência.

Já vimos como Lacoste refere-se à intervenção do que denomina de Estados maiores militares e financeiros, orientada cada vez menos pelo espontaneísmo e com objetivos os mais variados: regulação das relações entre classes e segmentos de classes sociais; domínio de instituições e nações; conquista militar, política, cultural ou econômica de territórios; alocação de capitais interessados em rápida circulação; provimento de maior "racionalidade econômica" aos investimentos. Fenômenos que ocorrem no interior de espaços mais vastos que jamais sonhou Dario I.

O arranjo espacial ideológico-cultural

Objeto secular de uso ideológico, por meio do qual a maioria das pessoas forma sua visão de mundo, se não sua visão global, o espaço geográfico tem seu arranjo fortemente confundido com essa instância.

O arranjo espacial ideológico contém as instituições pelas quais os valores circulam, se reproduzem e são assimilados dentro da sociedade, como a família, a escola, os centros culturais, a Igreja, os asilos, os cárceres. É no interior desses espaços sociais que os valores se tornam concretos. Espaços específicos, cada qual é uma síntese do todo, prescrevendo, segundo a ideologia dominante, as noções de mundo e hierarquia. Tais noções seguem uma escala de espaço que vai do mais específico ao mais geral, como: o espaço familiar, seguido do espaço do Estado-nação e encimado pelo espaço cósmico; ou, num outro circuito: o espaço empresarial, o espaço estatal e o espaço mundial.

É interessante a maneira como o arranjo espacial ideológico-cultural se organiza em função da noção de pátria, que, numa hierarquia de discurso ideológico, vai do bairrismo ao nacionalismo.

Mas a fusão do espaço com a ideologia é mais dinâmica sob os interesses do capital. Anderson observa que há crescente interesse do Estado e das instituições pelo controle da qualidade do meio ambiente, salientando o caráter ideológico daquilo que veio a chamar-se crise ambiental. Se nos lembrarmos do que ficou dito anteriormente, que os homens relacionam-se com o meio físico através de suas relações sociais, veremos que Anderson tem toda razão (Anderson, 1977). A crise ambiental entra em cadeia com a crise urbana e com a crise demográfica, esta provocada por uma explosão demográfica. Em todas essas crises, o arranjo do espaço é tomado como um pivô, já que está em causa o "acelerado consumo e esgotamento dos recursos naturais em face do progresso e das necessidades humanas crescentes com o aumento acelerado da população mundial", como diz George (1973a: 115).

Citando Goodman, lembra ainda Anderson que na arquitetura há ideologias estéticas, com ele concordando Castells quando afirma que não há espaço mais ideologicamente construído que o espaço urbano (Castells, 1983). Sabemos que explorando paisagens por elas mesmas elaboradas, as grandes empresas imobiliárias promovem a fusão do espaço com a produção de ideologias, seja sob a forma da estética arquitetônica dos "Barramares" ou sob a forma ecológica da terra do "sol, sal e montanhas verdes", como é apresentada ao turista a cidade do Rio de Janeiro.

A formação espacial como teoria e método

A formação espacial é um conceito de totalidade que pode ajudar os geógrafos em sua tarefa de analisar as formas de organização das sociedades nos diferentes tempos da história.

Repensar a geografia a partir da formação espacial como categoria de descrição e análise da formação econômico-social é uma perspectiva que nos parece capaz de abrir caminhos.

Nota Marx que devemos buscar apreender a essência nas aparências. Entendemos com isso que se deve apreender as leis internas (a essência) que governam as formas, as estruturas. Se as formas são as aparências, parece-nos que se encaixa aí a noção de arranjo espacial que vimos usando neste trabalho.

Entendemos por arranjo espacial uma estrutura de objetos espaciais, uma localização-distribuição organizada de objetos espaciais, uma totalidade de objetos estruturada em forma espacial. Daí seu papel a um só tempo descritivo e analítico.

O papel da análise espacial estaria em apreender as leis que regem a formação espacial, seu todo e suas partes, a partir da descrição e análise do arranjo espacial, e vice-versa.

Harnecker propõe que

> [...] para se chegar a definir um objeto é necessário ser capaz de descobrir a unidade ou a forma de organização dos elementos que servem num primeiro momento para descrevê-la. Pode-se descrever uma sociedade; podemos, por exemplo, dizer que em toda sociedade existem indústrias, campos cultivados, correios, escolas, exército, polícia, leis, correntes ideológicas, etc. Porém a organização destes elementos em diferentes estruturas (econômica, jurídico-política e ideológica) e a definição do papel que cada uma dessas estruturas desempenha na sociedade, nos permite passar da descrição ao conhecimento de uma realidade social, estabelecer as leis de seu desenvolvimento e, portanto, a possibilidade de dirigi-lo conscientemente. (Harnecker, 1978: 13)

Lembra por sua vez Lefebvre:

> A análise que distingue os fatos, as formas, os aspectos e os momentos de um desenvolvimento, deve também preparar a síntese determinando as ligações internas que existem entre esses elementos. (Lefebvre, 1969b: 190)

E é ainda Lefebvre que, observando que a investigação somente ultrapassa o nível do empírico quando norteada por uma teoria calcada na noção do todo, diz:

> Esta noção do todo desempenha papel primordial, tanto metodologicamente como teoricamente. Já sabemos porque. A realidade que temos de compreender, na natureza tanto como na vida social, apresenta-se como um todo. [Só depois da análise das partes, diz,] só então vem a exposição do todo, do conjunto. (Lefebvre, 1969b)

São reflexões sobre o método, válidas para o método geográfico, a partir da valorização descritivo-analítica da noção do arranjo espacial.

O que propomos é a construção de uma teoria do espaço que se fundamente em três categorias de totalidade, que são três facetas de uma mesma realidade, todas orientadas no sentido do arranjo espacial: a formação econômico-social, o modo de produção e a formação espacial. O conceito de formação espacial passa pelos conceitos de formação econômico-social e este pelo modo de produção, e mais ainda pela forma como se articulam esses últimos, e vice-versa.

A formação econômico-social e o modo de produção definem-se como uma totalidade social, a formação econômico-social é uma totalidade concreta, ao passo que o modo de produção é uma totalidade social abstrata. A formação econômico-social é um conceito complexo e impuro, ao passo que o modo de produção é um "conceito puro, ideal, que permite *pensar* uma totalidade", observa Harnecker (1978: 16). Tanto um quanto outro são conceitos que se constroem sobre relações de produção historicamente determinadas. Assim, diz, o modo de produção funda-se em relações de produção homogêneas, a formação econômico-social funda-se (ou não) em tipos de relações de produção heterogêneas, articuladas sob o domínio do tipo mais avançado. Desse modo, o certo seria dizer-se "formação econômico-social com dominante [...]" (Althusser, 1974). Não se pode separar os dois conceitos. Por isso, afigura-se ser-nos válido o conceito que Amin propõe de formação econômico-social como "um complexo organizado de modos de produção", isto é, "uma estrutura concreta, organizada, caracterizada por um modo de produção dominante e pela articulação à volta deste de um conjunto complexo de modos de produção que a ele estão submetidos" (Amin, 1976: 12).

A forma espacial, por sua vez, pode ser entendida como uma "tópica marxista", para tomarmos, talvez apressadamente em termos teóricos e epistemológicos, mas não de todo sem validade metodológica, em um texto que se propõe socializar reflexões do autor, a expressão cunhada por Althusser. Qual seja: "[...] um dispositivo especial que assinala em determinadas realidades seus lugares no espaço", ou, "[...] um sistema articulado de posições (lugares) comandadas pela determinação do econômico em última instância" (Althusser, 1974: 26). A formação espacial é, então, a própria formação econômico-social espacializada. A estrutura que regula e assegura por meio de uma dada ordem de arranjo a própria formação econômico-social na história.

Parece-nos, abreviando um tema controverso e trazendo-o para o terreno da reflexão que estamos desenvolvendo, que a articulação dos três conceitos, vistos como as categorias mais gerais de análise das interações humanas a partir do arranjo do espaço, aqui proposta, envolve a observância de alguns pares dialéticos fundamentais, tais como:

Concreto-abstrato: A análise de uma formação econômico-social envolve o conhecimento do mecanismo geral de funcionamento dos modos de produção que a compõem. Assim, por exemplo, a análise de uma formação econômico-social com dominante capitalista implica o conhecimento dos mecanismos gerais desse modo de produção e de cada um dos dominados. Só assim se pode captar as articulações e a complexidade do todo.

Espaço-tempo: O que dá concretude à formação econômico-social é o espaço. Contudo, vimos que o espaço sem a dimensão tempo é um "espaço congelado" (Foucault, 1979). Do mesmo modo, pensar um modo de produção apenas pelo prisma do tempo, a-espacialmente, é produzir uma história de generalidades, que esconde as diferenças das formações econômico-sociais. A não espacialização da história produz erros, como aquele observado por Amin de que, não se vendo que o modo de produção feudal foi um fenômeno restrito espacialmente a uma porção do continente europeu, foi-lhe dada uma universalidade planetária que não teve. Daí as discussões hoje de modo de produção asiático (tributário).

Continuidade-descontinuidade: O modo de produção é uma descontinuidade no espaço que nos permite uma outra periodização do tempo. Quer nos parecer que a formação econômico-social é uma integração de tempos históricos desiguais, estratificados no interior de uma mesma temporalidade e articulados sob o modo de produção mais desenvolvido. Daí a formação espacial exprimir-se como uma unidade articulada de áreas de espaços diferenciados, formando uma "territorialização" de modos de produção distintos, diferenciação espacial esta que se torna "desenvolvimento desigual e combinado" se o modo de produção dominante for o capitalista.

Duas propostas nos parecem pertinentes à passagem do nível de abrangência mais geral das categorias da formação espacial, formação econômico-social e modo de produção para o conhecimento do real pela via da intermediação do arranjo espacial.

Harnecker propõe que, sendo as relações de produção o "núcleo estruturador" que

> explica o tipo característico de articulação das distintas instâncias (estruturas regionais) e determina qual delas terá o papel dominante, [das totalidades sociais] devemos começar diagnosticando que tipo de relações de produção existem, como se combinam, qual é a relação de produção dominante, como exerce sua influência sobre as relações subordinadas. A partir daí, explicar o conjunto, sem negar a autonomia relativa das estruturas regionais e sem deixar de ver a estrutura econômica como determinante em última instância. (Harnecker, 1978: 15)

Amin propõe que, já que uma totalidade social se organiza em função da produção e expropriação de excedentes, a análise da totalidade

> deve organizar-se em torno da forma pela qual é gerado o excedente característico dessa formação, das transferências e da distribuição interna desse excedente entre as diferentes classes ou grupos que deles se apropriam. Como uma formação econômico-social é um complexo organizado de vários modos de produção, o excedente gerado nessa formação não é homogêneo. Existe uma adição de excedentes com origens diferentes. Uma questão essencial é a de saber em determinada formação concreta qual modo de produção é predominante, e, portanto, qual é a forma predominante de excedente. Uma segunda questão é saber em que proporção a sociedade vive do excedente gerado por ela própria e do excedente transferido com origem em outra sociedade, ou, dito em outra forma, qual a importância relativa que nela ocupa o comércio a longa distância. (Amin, 1976: 13)

Convém lembrarmos que Amin debruça-se sobre o que denomina "formações sociais periféricas", como é o caso da formação econômico-social brasileira, uma formação com dominante capitalista (ou com diferentes estágios de desenvolvimento do capitalismo).

Parece clara a combinação das duas propostas, de Harnecker e Amin: para a compreensão do processo de produção e expropriação dos excedentes, é preciso conhecer as relações de produção existentes na formação. E vice-versa.

O arranjo espacial é a categoria da passagem. Ele é a ponte de união entre a formação espacial, o modo de produção e a formação econômico-social. E pela qual a descrição da formação espacial abre para a leitura do modo de produção e desta para a análise da formação econômico-social. O ponto do começo é o objeto espacial. A sua visualização na paisagem. A verificação da natureza do seu conteúdo remete à estrutura imediata de que faz parte, a exemplo da fábrica para a estrutura econômica, e para o feixe de relações que vive dentro dessa instância estrutural. Com ele a dimensão cartográfica da formação econômico-social já aparece desde o começo. A localização do objeto na paisagem dá o mapa espacial da formação econômico-social. E assim se tem do princípio ao fim a feição geográfica do estudo do modo de produção e da estruturação que este confere à formação econômico-social que é necessária ao trabalho do geógrafo. De modo que lendo a formação econômico-social através da formação espacial, desde o início a formação econômico-social se expressa como formação espacial, acontecendo a transfiguração recíproca que se deseja: a de se ver uma vendo a outra.

Resta lembrar que o processo de teorização só ganha concretude e vigor se realizado no interior da práxis.

Nota

Trabalho escrito a partir de intervenção em mesa-redonda sobre as tendências da ciência geográfica realizada no XIII Congresso Interuniversitário de Geografia, da União Paulista de Estudantes de Geografia (Upege), Presidente Prudente, em outubro de 1978. Foi originalmente publicado nas revistas *Território Livre*, n. l, fevereiro de 1979, da Upege, e em *Encontros com a Civilização Brasileira*, n. 16, em novembro de 1979.

AS CATEGORIAS ESPACIAIS DA CONSTRUÇÃO GEOGRÁFICA DAS SOCIEDADES

A construção geográfica de uma sociedade é o resultado das práticas espaciais (Lacoste, 1988).[1] São as práticas espaciais que constroem a sociedade geograficamente e criam a dialética de recíproca determinação em que a sociedade faz o espaço ao tempo que o espaço faz a sociedade (Santos, 1978).

As práticas espaciais são ações que têm por base o binômio localização-distribuição, uma relação contraditória que é o fundamento ontológico do espaço (Moreira, 1997b).

A ação das práticas espaciais é acumulativa em sua sincronia e diacronia. E o seu resultado é a geograficidade (Lacoste, 1988),[2] que entendemos como o modo de existência espacial que qualifica o mundo como ser estar do homem no mundo, tema que foge ao escopo deste texto.

Três fases se sequenciam no processo: 1) a fase da montagem, relacionada à prática da seletividade; 2) a fase do desenvolvimento, relacionada às práticas da tecnificação, diversidade, unidade, tensão (localização x distribuição, unidade x diversidade, homogenia x heterogenia, identidade x diferença), hegemonia, recortamento, escala e reprodutibilidade; e 3) a fase do desdobramento, relacionada às práticas da mobilidade, compressão, urbanização, fluidificação, hibridismo e sociodensificação. Um processo que sempre se reinicia pelo movimento contínuo de reestruturação, até que chega ao estado da reestruturação permanente.

A fase da montagem é a das primeiras localizações e do sistema de distribuição dessas localizações, que leva ao surgimento da extensão, reunindo num só ato três dos princípios lógicos – localização, distribuição e extensão – da ação geográfica, tudo orientado na prática da seletividade.

A fase do desenvolvimento é a do erguimento de uma estrutura espacial sucessivamente centrada nas categorias de práticas espaciais que tornam o espaço sucessivamente mais denso e que culmina na constituição mais completa do *habitat* e da sociedade que através dele se organiza geograficamente, renovando-se pela reprodução da base criada na primeira fase.

A fase do desdobramento, por fim, é a do movimento da reestruturação que reinventa em caráter contínuo a estrutura de relação sociedade-espaço do sistema sem mudar necessariamente sua essência.

A interação entre as práticas espaciais é o dado dinâmico. As práticas agem combinadas e simultaneamente em cada uma e em todas essas fases. O centro motor é a tecnificação, prática espacial que está presente da seletividade à reestruturação e baliza a construção espacial da sociedade ao longo do processo, numa recriação permanente.

A reestruturação implica a metamorfose do arranjo dos cheios e vazios da distribuição das relações do espaço criada pelo processo seminal da seletividade e tem nas revoluções da técnica seu motor principal de ocorrência.

Partimos do princípio de que as práticas geográficas são categorias do empírico. E por isso são também mediações que fazem da compreensão do espaço a compreensão da sociedade, e da teoria do espaço uma teoria da sociedade, e vice-versa. São diferentes em qualidade das categorias teóricas (paisagem, território e espaço). E umas e outras estão presentes como práxis na obras dos clássicos.

O propósito deste texto é teorizar sobre esse modo de entendimento e construir com ele um roteiro de teoria e método capaz de nortear um exercício de práxis na geografia, seja de análise de uma sociedade, de reflexão hermenêutica de uma obra clássica, de estudo de uma paisagem, de montagem de um texto ou de realização de uma pesquisa de campo, orientando o trabalho. Seu fundamento é a combinação do método histórico (método de investigação) e do método lógico (método de exposição), que Marx (1974) apresenta como dois momentos de um mesmo processo de análise, por isso denominado também de método lógico-histórico, genético-estrutural e progressivo-regressivo, a exemplo de Sartre (1967), que deixamos para analisar noutro texto.

A seletividade

A organização espacial da sociedade começa com a prática da seletividade.

Espécie de ponte entre a história natural e a história social se expressando já em termos de espaço, a seletividade é o processo de eleição do local com que a sociedade inicia a montagem da sua estrutura geográfica. Ela é uma expressão direta e combinada dos princípios da localização e da distribuição. Por meio da localização, o homem elege a melhor possibilidade de fixação espacial de suas ações.

A distribuição compõe o sistema das localizações e transforma a seletividade numa configuração de pontos e o todo numa extensão.

A seletividade se orienta por um processo de ensaio e erro, no decurso do qual sucessivamente a sociedade se ambientaliza, se territorializa e assim se enraiza culturalmente (Moreira, 1997b). Através dela os grupos humanos experimentam diferentes locais antes de sedentarizar-se, fazendo de cada qual uma "área laboratório" (La Blache, 1954).

> Em diversos lados, por ajuntamentos irregulares, como pontos de ossificação, pequenos centros de densidade aparecem desde cedo. Combinando as suas aptidões, transmitindo um patrimônio de experiências, esses núcleos foram humildes oficinas de civilização. (La Blache, 1954: 84)

No início da história da civilização humana, as áreas eram escolhidas em locais situados nas encostas montanhosas, mais secas e menos abundantes em recursos, porém mais abrigadas de ameaça de animais de maior porte. Por um longo período, a seletividade limitou-se a se confundir com o processo da aprendizagem da domesticação e da aclimatação da flora e fauna. O grupo humano migra entre uma área e outra, até que, já munido da experiência do trato ambiental, desce para as "regiões anfíbias" nas quais vai se fixar em caráter permanente. A fixação definitiva marca o surgimento da civilização:

> A conquista de vastas superfícies não se fez na China em grandes saltos – como pôde ser feita, no nosso tempo, nos Estados Unidos –, mas passo a passo, cuidadosamente, conforme o gênio escrupuloso e os hábitos atávicos da raça. É sensível uma progressão gradual, seguindo os cursos de água na direção em que, cada vez mais, se rasgam os horizontes e se afastam as montanhas. Um céu menos avaro de chuvas, um solo, em que a terra amarela se esboroa e se dispersa em aluviões, acolhe no Ho-nan, província intermédia entre as duas regiões da China, Cata e Manzi, os imigrantes vindos do oeste ou do norte. (La Blache, 1954: 98)

A seletividade é a origem dos cheios e vazios do espaço, isto é, o todo das casas, caminhos e atividades econômicas que compõem a forma e o conteúdo do *habitat*, cuja configuração varia de acordo com o tempo histórico (Brunhes, 1962).

É a seletividade que responde pelo elenco das espécies de plantas e animais com que a sociedade se relaciona com o meio. Amplo no começo, esse elenco se reduz no tempo, até que com a sedentarização se limita a um pequeno número:

> Daí, que o conjunto das espécies domesticadas, ao invés de aumentar durante a época histórica, haja mostrado a tendência a diminuir. Representa só uma exígua parte das espécies conhecidas [...] a ação do homem tem-se orientado menos para a multiplicação dos tipos específicos que para as diversidades – ou raças – dentro de um mesmo tipo. (Sorre, 1967: 57-8)

Calculadas no conjunto em 140 ou 150 mil, somente cerca de 300 espécies vegetais e 200 espécies do reino animal hoje são aproveitadas. A causa dessa redução é a lógica que preside a seletividade, desde a Antiguidade, que consiste em:

1º) substituir as associações naturais por associações vegetais ou animais suscetíveis de fornecer um número elevado de calorias ao homem; e 2º) aumentar a produtividade geral, agindo sobre os fatores que a limitam. (Claval, 1987: 49)

Nas fases primitivas da coleta, caça e pesca, a humanidade se relaciona com toda a diversidade de flora e fauna do meio. É com o nascimento da agricultura, quando a prática da transformação das paisagens naturais em paisagens humanizadas torna-se a base da constituição dos modos de vida, que a redução seletiva começa. Então, a seleção redutora surge orientada para o fim da transformação que converte as associações naturais em associações domesticadas, com o objetivo de compor, entre outros, o complexo alimentar da comunidade, que Sorre define como o "conjunto dos alimentos e preparos nutritivos graças aos quais um grupo humano mantém sua existência ao longo de um ano" (Sorre, 1967: 31).

Nas sociedades modernas, a seleção ganha o sentido restritivo que hoje conhecemos. Governada pela lógica do mercado, a seletividade é transformada numa prática de ocupação cada vez mais especializada e fragmentária do espaço, orientando-se pela e em função de uma divisão territorial do trabalho que baixe os custos e aumente a produtividade no sentido mercantil do termo. No interesse da troca, a seletividade se converte num mecanismo de descarte de espécies, reduzindo seu número de tal modo generalizado que transforma ecossistemas inteiros em alguns resíduos, quando não os elimina de todo. E com isso institui uma fase de desambientalização, desterritorialização e desenraizamento do homem em sua relação espacial com o meio.

A tecnificação

A técnica é o instrumento da ação seletiva.

A técnica provém do processo de ambientalização, territorialização e enraizamento cultural que decorre do processo de seletividade. Historicamente, ela tem origem na relação das comunidades humanas com o seu meio geográfico e surge por conseguinte num estado de equilíbrio com ele. Essa relação de interioridade da técnica com o seu meio geográfico de origem a faz cumprir com equilíbrio seu papel de mediação. Daí que a técnica é nesse tempo um complexo técnico em perfeita consonância com o complexo ambiental (Sorre, 1967).

A técnica é caracterizada por essa relação inicial de pertencimento. A enxada e o arado, por exemplo, fazem um todo com o cultivo do arroz e a criação das aves no complexo da rizicultura das áreas rurais do Sudeste asiático. E o trator faz um todo com as culturas especializadas mesmo no começo da agricultura industrial moderna. E é a encarnação da intencionalidade que preside sua função de organizar a relação ambiental do homem. Mas a técnica já encarna o princípio da racionalidade que orienta seu surgimento, de modo que já no começo da história dessacraliza a natureza aos olhos dos homens e com isso dá início ao processo que (des)ambientaliza, (des)territorializa e (des)enraíza as comunidades humanas em sua relação com o seu entorno geográfico.

A ação técnica é em si a ação de "construir destruindo e destruir construindo" que segundo Brunhes constitui o processo de criação do espaço, tendo, porém, um sentido contraditório positivo de vez que é na relação com o meio, mediada pela técnica, que a sociedade humana:

> [...] corrije [sic] seus defeitos, utiliza suas qualidades para obter o máximo rendimento em produtos destinados a satisfazer suas necessidades, valendo-se de técnicas cada dia mais aperfeiçoadas. (Brunhes, 1962: 68)

A história da técnica é a história dos espaços, e vice-versa. Isto é, a história que começa com a descoberta do fogo e culmina na era moderna com a criação da informática (Reclus, s/d; Santos, 1996). A história do espaço agrário, por exemplo, é a história da técnica agrícola. Usado como técnica, o fogo instrumenta os primeiros ordenamentos espaciais através da agricultura, uma forma de prática seletiva que tecnicamente confunde-se no tempo com o pau escavador, a transformação deste na pá e, por seu turno, da pá na enxada dos complexos espaciais antigos, até que, por fim, desemboca na mecanização e motorização da agricultura e da pecuária nos dias atuais. A história do espaço urbano é outro exemplo, confundindo-se com os quadros econômicos das eras técnicas. A história da técnica urbana é primeiramente comercial, a seguir industrial e por fim dos serviços. A cidade nasce ligada à primeira revolução agrícola. Desde então, cada marco de ruptura técnica é um momento de ruptura na forma e estrutura do espaço urbano. Cada era técnica arruma as feições e a paisagem dessa estrutura urbana: a revolução mercantil dá-lhe o rosto do mercado, a revolução industrial dá-lhe a cara da fábrica e, por fim, a revolução dos serviços dá-lhe a atual feição terciária. A história do conjunto do espaço, por fim, é a história da circulação. Na medida em que esta se desenvolve, as áreas, até então dissociadas, se integram, mudando a escala dos espaços.

A história dos espaços impregna-se, pois, de um conteúdo técnico numa intensidade crescente. Daí que cada era de espaço é uma era técnica. A paisagem do ordenamento do espaço muda com a mudança da técnica. E são os elementos do complexo técnico, seus acúmulos e seu progresso o que vemos na fisionomia e no arranjo das paisagens de cada época e civilização (Santos, 1994).

A diversidade

Por conta da seletividade, o espaço nasce diverso.

A diversidade transforma a localização numa distribuição e faz da distribuição um *habitat* humano plural. A diferença hídrica, topográfica, do solo, da flora, da fauna, das casas, dos caminhos, das culturas, tudo orienta o *habitat* para o sentido da reafirmação da diversidade.

É esse sentido da diversidade que conduz o povoamento para a formação dos gêneros e modos de vida estudados por La Blache, ao orientar a ocupação humana "à maneira das abelhas" e não de uma mancha de óleo:

> Quando a colmeia está repleta, os enxames saem dela: é a história de todos os tempos [...] o excedente de população não busca transbordar para os espaços vazios que existam na vizinhança, mas para grandes distâncias, à procura de um meio análogo àquele que fora constrangido a deixar. (La Blache, 1954: 83)

Nos períodos mais antigos, os gêneros de vida resultam do casamento do homem com diferentes ecossistemas, nascendo gêneros de vida dos ambientes costeiros, florestais e de savanas, a exemplo da pesca, da coleta e da caça, respectivamente.

Com a descoberta do fogo e o surgimento da agricultura, as comunidades humanas ainda mais se dispersam e se adensam, e o leque da diversidade dos espaços aumenta. A diversidade natural é multiplicada agora pela diversidade da criação cultural do homem, multiplicando-se aquelas formas simples de gêneros de vida ao tempo que nascem as formas de gêneros de vida mais complexos.

No período moderno, a diversidade se mantém aos trancos e barrancos, em face da uniformidade da técnica e da lógica do mercado, que invadem os espaços e ameaçam a diversidade dos grupos humanos e das formas de ocupação.

A unidade

Mas o espaço também nasce uno.

A unidade é, tanto quanto a diversidade, intrínseca à natureza e ao gênero humano. Está implícita no trabalho que transforma os homens numa comunidade e faz da história um produto da sua ação coletiva na relação com os meios. Assim, para cada diversidade de grupo humano espalhado pela superfície terrestre se estabelece a unidade que os une numa comunidade.

A unidade do espaço é função do símbolo e do valor. Cada qual costurando e interligando a pluralidade da diversidade segundo seu modo.

A unidade simbólica pode vir:

a) Da relação ambiental:

Pode vir da relação com a água. Onde esta é o recurso central e fator de aglutinação, a unidade dos homens tem por base as regras do seu uso:

> A adaptação da água a culturas regulares, multiplicando-se e sucedendo-se a curtos intervalos, contribuiu para concentrar os homens, da mesma forma que, primitivamente, o uso do fogo lhes tinha facilitado a dispersão por quase todas as partes da Terra. (La Blache, 1954: 81)

Pode vir da relação com a flora. Vezes há em que a fonte do elemento simbólico é a vegetação, como no exemplo da formação espacial europeia:

> O fenômeno que acumulou nesta península do velho mundo a massa principal da humanidade, apresenta uma evolução mais complexa do que as outras cuja descrição já procuramos fazer. O fato inicial, entretanto, parece ser, aqui como noutras partes, a abundância de recursos vegetais próprios para a alimentação do homem. (La Blache, 1954: 151)

Pode vir da relação com o todo. Vezes há que esse papel cabe ao sítio:

> A primitiva Suíça tomou conhecimento de si mesma e formou-se pela coalizão dos cantões florestais [...] porque o lago que, precisamente, se denomina Lago dos Quatro Cantões, constituía a encruzilhada, ou melhor, a grande praça pública de comunicação, de trocas e de ligações políticas, entre os três vales da alta montanha cujos cursos convergiam para a mesma massa líquida [...] Foi, portanto, o lago que ligou, de modo natural, os interesses da montanha aos do planalto molássico. (Brunhes, 1962: 412)

Ou pode vir das massas líquidas. E o melhor exemplo é a interligação flúvio-marinha:

> A ligação do Hudson e dos Grandes Lagos com as pradarias decidiu o futuro dos Estados Unidos [...] Nas margens do Atlântico, a grande massa da África Ocidental, da embocadura do Senegal à do Níger, volta-se cada vez mais para o mar, à medida que as vias de penetração convergentes, trazem o tráfego do interior. Um Congo tomou lugar entre os Estados. Uma Amazônia começa a desenhar-se. (La Blache, 1954: 349)

b) Ou direto das construções humanas:

Dela falam La Blache, Brunhes e Sorre. Nesse caso, a unidade pode vir da relação perceptiva do espaço vivido: a configuração da paisagem entre os povos antigos revela como o "jogo dos significados é modelado pelos mitos e as invenções da cultura", diz La Blache (1954: 152). O europeu do centro vê o sul como o *país dos frutos*, a *terra das plantações,* enquanto o do sul vê o centro como o *país das florestas*, a *terra das sementeiras.* Os habitantes do Suf veem a terra limitada à árvore plantada, enquanto os nômades do Fang a veem como a encarnação da ancestralidade, e por isso entre esses povos o solo não é propriedade de ninguém (Brunhes, 1962: 398). Emprestando sentido a "esta misteriosa operação que faz brotar a vida da morte, a germinação da semente", o homem antigo entende que "tudo se move em um ambiente sagrado e até a divisão dos cuidados da criação do gado e da agricultura se baseia num conceito religioso de fecundidade", e assim faz da terra um bem clânico, "de direito absoluto, inalienável e imprescindível, cuja propriedade não se vende, mas sim a posse" (Sorre, 1967: 69).

Pode vir também das relações do poder político: a partir do Renascimento, o Estado unifica a nação, aparecendo como o símbolo que lhe dá unidade e com esse símbolo se constitui no Estado Nacional:

> A permanência de um grupo em um território supõe a intervenção de uma potência de concentração, de uma força de coalescência, que pode ser o produto da vontade de um homem, de uma dinastia, de um partido; pode ser engendrada pela convergência das vontades livres de todo um povo – de uma nação –, com termos médios entre as duas séries. Em todos esses casos, essa força se expressa por um conjunto de instituições que lhe dão a sua forma: o Estado. (Sorre, 1967: 188)

E pode vir, ainda, do crescente papel da cidade: desde a Antiguidade, é a cidade que difunde o poder do Estado, emprestando sua imagem como o símbolo de referência da unidade política do espaço. Com a expansão das trocas, o poder simbólico da cidade ganha maior importância e a cidade faz-se um "ente geográfico por excelência com os meios de transporte e comunicação" (Sorre, 1967) e leva a unidade territorial do Estado para além da linha do horizonte. Quanto mais com a cidade se expande a rede da circulação, mais longe a cidade faz chegar o braço do Estado. Até que com o desenvolvimento dos meios de circulação modernos ela ganha imagem própria, centrada na força sucessivamente do comércio, da indústria e dos serviços urbanos.

Mas a unidade do espaço é função também do valor, que pode vir através da moeda e da técnica ou das duas combinadas.

a) Através da moeda:

A moeda exerce a função de fita métrica na constituição da unidade do espaço. Ao agir como um instrumento de construção do Estado na história, a moeda unificou o território. É a moeda que encarna, a partir do Renascimento, a ideologia do Estado nacional e do progresso econômico, consolidando-se como sinônimo de garantia do acesso ao consumo e à elevação do nível de vida com o advento da revolução industrial (Moreira, 1998b e 1999a; Harvey, 1992).

b) Através da técnica:

A técnica atua como ação prática e como imaginário, e fala-se de razão técnica na construção da unidade do espaço. Ao lado da moeda, simboliza o poder da força que unifica e totaliza o espaço como escala universal na modernidade:

> No mundo dos mares, como no dos ares, as conquistas do espírito e as aplicações práticas a que deram lugar são os mais altos símbolos da grandeza do homem. É por elas que ele se torna verdadeiramente cidadão do mundo. (La Blache, 1954: 380)

c) Através da combinação da moeda e da técnica com o símbolo:

A moeda e a técnica fazem um casamento do valor com o símbolo no âmbito da modernidade, a moeda aparecendo através do símbolo monetário – o dinheiro – e a técnica através do símbolo da força – a razão instrumental –, moeda e técnica realizando a subordinação da subjetividade aos desígnios da economia.

A modernidade se costurou nessa cumplicidade do valor e da técnica com o símbolo no plano do imaginário, tornando-os indissociáveis na construção cultural do espaço em que vivemos. E fez desse imaginário o mundo das nossas representações a tal ponto que nossa representação de mundo e imaginário do valor são um só (Baudrillard, 1991 e 1996; Melo, 1988).

A tensão

A oposição entre a diversidade e a unidade dá estruturalmente ao espaço a marca da tensão.

A origem real da tensão é a relação contraditória que se estabelece entre a localização e a distribuição já no interior do movimento da seletividade. E que se manifesta no todo do espaço e então da sociedade de variadas maneiras (Moreira, 1997b). Entre elas:

A contradição alteridade-centralidade

Referido a um ponto do território, o princípio da localização significa o olhar da centralidade. Referido a uma multiplicidade de localizações, o princípio da distribuição significa o olhar da alteridade. A referência na centralidade da localização determina o primado do uno. A referência na alteridade da distribuição determina o primado do múltiplo. A localização fala de um lugar central em relação ao espaço circundante. Já a distribuição territorial fala da diferença na sociedade e da sociedade como diferença. Centralidade e alteridade surgem, assim, como arranjos opostos na construção espacial das sociedades, orientando a percepção, a concepção e os valores socioespaciais em função delas.

A contradição unidade-diversidade

A contradição entre a centralidade e a alteridade vinda dos princípios da regência desdobra-se na contradição entre a unidade e a diversidade na estrutura mais ampliada do espaço.

O princípio da localização rege o uno. O princípio da distribuição rege o múltiplo. O princípio da localização valoriza a unidade, enquanto o princípio da distribuição valoriza a diversidade. Uno e múltiplo tendem a se anular reciprocamente na interatividade. A unidade age no sentido de internalizar e assimilar a diversidade dentro do uno. A diversidade, no sentido de realizar-se plenamente dentro e como múltiplo. Então, o olhar de um contradita o olhar do outro.

A contradição homogenia-heterogenia

Quando não resolvida, a contradição unidade-diversidade por sua vez se desdobra na contradição homogenia-heterogenia.

O jogo da contradição gira em torno agora do aumento do conflito: estruturado no símbolo da unidade, o espaço da localização vira homogenia; estruturado no símbolo do espaço da diversidade, o espaço da distribuição vira heterogenia. Temos, assim, homogenia e/ou heterogenia conforme a prevalência do princípio de base na organização do espaço.

A contradição identidade-diferença

A tensão homogenia-heterogenia desdobra-se, por fim, na contradição identidade-diferença.

A identidade surge da centralidade que emana do princípio unicista da localização. A diferença surge da alteridade que emana do princípio diversificacionista da distribuição. A centralidade da localização produz a identidade. A alteridade da distribuição, a diferença.

O princípio da localização trabalha a favor da identidade, enquanto o princípio da distribuição trabalha a favor da diferença, em suma. Também aqui a contradição segue uma clara evidência: a sutileza da homogenia dá lugar à sutileza da identidade, suprimindo a diferença; a transparência da heterogenia dá lugar à crueza da diferença, suprimindo a identidade.

A hegemonia e a coabitação

Esse naipe de contradições vai conduzir as relações espaciais no sentido da hegemonia e da coabitação, como forma de dar-lhes encaminhamento. A prevalência da centralidade leva à disputa pela hegemonia. A prevalência da alteridade leva os problemas a se resolverem por si próprios na coabitação.

Ali onde o interesse da hegemonia se instala, o leque de contradições transforma o espaço num campo de correlação de forças em contenda interminável (Gramsci, 1968). A disputa hegemônica racha a estrutura espacial num confronto que atravessa cada uma das contradições, aguçando cada nível intensamente. A hegemonia se esconde embaixo da dissimulação ideológica da unidade, da homogenia e da identidade, usando seus símbolos para dissolver os símbolos da diversidade, da unidade e da heterogeneidade, em vista de suprimir a diversidade, a heterogeneidade e a diferença no discurso da identidade.

Ali, entretanto, onde prevalece a coabitação, o diálogo é o caminho da solução dos problemas. Nas sociedades comunitárias, o simples hábito de coabitar já é o modo automático como os conflitos se resolvem. Nas sociedades modernas, o caráter classista e a ideologização agem no sentido de neutralizar essa possibilidade.

A solução pela coabitação é assim levada para dentro do espaço construído na referência da centralidade. O intuito é de conferir à luta pela hegemonia um outro significado, de vez que coabitação traz para a contradição a dialética da negatividade, isto é, o embate da "negação da negação". No dizer de La Blache:

> No ponto de vista geográfico, o fato de coabitação, quer dizer, o uso em comum de certo espaço, é o fundamento de tudo. (La Blache, 1954: 156)

O recorte e o território

Seja na prevalência da centralidade, seja da alteridade, os sujeitos/categorias de fenômenos espaciais organizam sua vida de relação a partir do seu recorte de espaço. O recorte faz parte da *empiria* do espaço. Porque tem origem na transformação das localizações em extensão pela distribuição na hora da seletividade. E essa relação da localização dentro da extensão da distribuição dá origem ao território, definido como o recorte de domínio do espaço do sujeito/categoria de fenômeno dentro da extensão.

O território é o recorte espacial a partir do qual os sujeitos/categorias dos fenômenos se posicionam diante dos termos da hegemonia ou coabitação determinados pela dialética da localização-distribuição. Pode ser o território de um sujeito, como ocorre no espaço da alteridade. E pode ser o território de um sujeito hegemônico, quando sobreposto aos territórios dos sujeitos hegemonizados, como no espaço da centralidade.

São muitas as formas conhecidas de domínio de território e relações territoriais na história.

Nas sociedades comunitárias mais antigas, em geral ainda nômades ou entregues ao seminomadismo, o recorte territorial tem uma forma tão vaga quanto o é o seu movimento de territorialização. O processo da ambientalização está se realizando ainda e a noção de território está esmaecida. É nas sociedades de classes antigas e modernas, nas quais o Estado surge e junto a ele a cidade como um elo de comando necessário, que o território aparece como recorte de domínio de espaço claramente. Ao fixar, inscrever e organizar a circunscrição de domínio do Estado, a cidade formaliza o território, injetando-lhe o conteúdo simbólico do poder que o incorpora como sistema de domínio e hegemonia de classe sobre um universo de população definido.

Ali onde a sociedade moderna está mais instituída, o território se recorta em duplo nível: o recorte nacional e o nível regional. O recorte nacional aparece colado ao estabelecimento dos domínios do mercado, cada Estado nacional surgindo em função da tarefa de circunscrever o âmbito territorial de domínio da classe burguesa que o hegemoniza. Já o recorte regional aparece colado ao modo como no âmbito do território do Estado nacional as relações de mercado espacialmente se organizam, sucedendo-se no tempo dois tipos de região: a região homogênea, correspondente à fase da acumulação mercantil, e a região polarizada, correspondente à fase da acumulação industrial avançada (Moreira, 1999a).

O território é sempre uma dimensão do espaço político (ou ao espaço tomado como ação política). Reclus exemplifica esse vínculo com o caso das comunidades medievais, em sua luta contra os efeitos das guerras costumeiras dos senhores feudais:

> Aspectos físicos como os braços de mar, assim como os pântanos, os bosques espessos, os desfiladeiros, as montanhas ásperas e a neve, em uma palavra, todos os obstáculos da natureza que dificultam o ataque e facilitam a defesa, protegiam as comunidades que haviam ficado livres apesar das guerras feudais. (Reclus, s/d, IV: 16)

Ou com o caso das alianças traçadas na fase de transição do feudalismo ao capitalismo, geralmente envolvendo a população da cidade:

> Onde quer que nascessem repúblicas urbanas no meio do feudalismo, a cidade se estabelecia com maior solidez em sua liberdade municipal se se compunha uma agrupação de aldeias ou de casarios que conservavam sua personalidade como produtores, mercadores e consumidores associados. Do mesmo modo, as cidades lombardas estavam divididas em bairros autônomos. Siena se fez famosa na história pelas rivalidades e alianças, as inimizades e reconciliações das vinte e quatro pequenas repúblicas justapostas na grande

república urbana. Ao redor da maior parte das cidades do centro e do norte da Europa, as vizinhanças constituíram outros tantos submunicípios distintos que gravitavam ao redor do grande município; em Roma, cada rua da cidade tinha sua personalidade autônoma. A antiga Londres antes da conquista normanda foi um aglomerado de pequenos grupos de aldeãos dispersos no espaço fechado pelas muralhas, tendo cada grupo sua vida e suas instituições próprias, guildas, associações particulares, ofícios, unidos de uma maneira pouco sólida ao conjunto municipal. (Reclus, s/d., IV: 27)

A escala

O entrecruzamento dos níveis de recortes forma a escala do espaço. A escala é, assim, um complexo entrecortado de domínios de território, tomando por referência o conceito de espacialidade diferencial de Lacoste (1988).

Nesse conceito, cada recorte é um plano do todo da escala, que se expressa para o seu dominante como um nível de representação. O que significa que o recorte é o mirante de onde seu dominante olha e faz sua leitura do todo da escala, transformando esse mirante no seu ponto de referência simbólica do todo diferenciado do espaço. Entenderemos nessa teoria da escala de Lacoste que é através do respectivo símbolo de representação escalar que os embates de hegemonia *versus* coabitação nas sociedades de classes têm seu veículo de fluência, definindo os termos da política espacial de cada época.

Foi assim com a burguesia na fase de criação da sociedade moderna no século XV. E tem sido assim desde então. Sempre usando como discurso o seu imaginário de mundo:

a) seja da técnica e da arte:

> O grande século XV, o iniciador da civilização moderna, deve seu traço na história aos descobrimentos capitais do espaço e do tempo; do espaço, pela exploração da redondeza do globo na África e nas duas Índias; do tempo, pela ressurreição e reaparição das obras mestras da Antiguidade. (Reclus, s/d, IV: 316)

b) seja da ciência:

> De todos os pontos de vista, a primeira circum-navegação do mundo foi o acontecimento capital da nova era, a data por excelência que separa os tempos antigos do período moderno. Ao navegante português Fernão de Magalhães devemos a linha fundamental, o equador dos itinerários que une no seu conjunto todos os traços geográficos. Graças a ele, a Terra se constituiu cientificamente, e se fez a unidade com a história dos homens o mesmo fez na estrutura geral das formas terrestres. (Reclus, s/d, IV: 284-5)

c) e seja, enfim, da cartografia:

> Durante o período em que os centros comerciais se fixaram na bacia do Mediterrâneo, Tiro ou Cartago, Bizâncio ou Siracusa, Veneza ou Gênova, a Grã-Bretanha

parecia encontrar-se no extremo mais remoto da terra; seus promontórios, seus arquipélagos, voltados para as ondas do oceano tempestuoso, eram limites temidos que ninguém ousava flanquear. Porém descoberto e ultrapassado o Novo Mundo, feita a circum-navegação do globo, a Terra ficou realmente redonda sob a estela dos barcos e o conjunto do mundo conhecido se deslocou em relação às Ilhas Britânicas; cessando de ser o extremo limite das terras habitáveis, a Inglaterra encontrou-se, de repente, senão no verdadeiro centro, ao menos no meio de todo o conjunto geográfico das massas continentais. Nenhuma posição lhe era superior para os intercâmbios com o mundo inteiro. (Reclus, s/d, IV: 488)

As facilidades de circulação e a rapidez aumentada das viagens modificam a face da Terra, modificando as proporções entre as distâncias. Elas fornecem praticamente às zonas terrestres uma forma como que nova e novos contornos. Quando de Londres se atinge o Cabo em 39 horas e 25 minutos (recorde de fevereiro de 1939), a África do Sul parece ter-se subitamente aproximado da Inglaterra. Desses atos ressalta que a posição geográfica de certos sítios perderá, ou pelo contrário, adquirirá importância. (Brunhes, 1962:175)

A regulação

Por meio da equação escalar, o espaço passa de determinado a determinante, agindo como a categoriachave de regulação da reprodução da sociedade a partir da própria reprodução da estrutura espacial já existente.

Seja para preservá-la, mantendo o *status* existente em benefício do sujeito hegemônico, seja para mudá-la, em benefício de uma relação de coabitação, o espaço é chamado a intervir como regulador da reprodução das relações que por meio dele a sociedade estabeleceu como sua forma de organização societária (Lefebvre, 1973).

O veículo é o arranjo – econômico, jurídico, político, cultural, representacional e ideológico –, montado a partir do processo da seletividade e por fim transformado em modo de organização espacial dos homens em sociedade através da forma de espacialidade diferencial que se institui.

George exemplifica com a forma de reprodutibilidade da sociedade industrial moderna, tomados os níveis da escala como referência:

> Toda indústria é um complexo de ações diversamente localizadas – incluindo as operações de laboratório, de estudos e de pesquisas, de controle, etc. Projeta-se no espaço por múltiplos pontos de impacto mais ou menos especializados e, sobretudo, por um feixe indispensável de relações. A condição fundamental do funcionamento de uma economia industrial é a posse e a disposição desse feixe de relações, que lembra sistemas diferentes projetados em diversas escalas, local ou regional, nacional ou internacional, no quadro das operações de vizinhança, e planetária. A escala local ou regional é a dos processos de recrutamento de mão de obra, de contratos de empreiteiros, de organização dos serviços de apresentação, relações públicas e, em proporções mais ou menos amplas, dos laços técnicos com a produção de energia e de certas matérias-primas. A escala nacional e

internacional, nos limites da vizinhança, é a dos mercados essenciais, das relações técnicas superiores, das negociações de cúpula. A escala universal é a da emulação no nível mais elevado, dos grandes mercados de matérias-primas, das concorrências mais severas, e também de certas operações monopolísticas. (George, 1968: 105)

Através das regras e normas do convívio, seja de hegemonia, seja de coabitação, estabelecidas, as instâncias estruturais do espaço regulam e controlam, assim, as práticas de mobilidade que fazem da sociedade um todo dinâmico e sempre em desenvolvimento.

A mobilidade

A própria mobilidade espacial é uma dessas práticas. Mobilidade dos homens, das plantas e dos animais, mas também de produtos e capitais. Mobilidade que troca os sinais da distribuição dos cheios e vazios da seletividade inicial numa rearrumação permanente dos arranjos do espaço. Mobilidade que mina a territorialização, a ambientalização e o enraizamento cultural instituídos, via contínuo reordenamento e redistribuição da configuração existente.

O veículo é por excelência o desenvolvimento das técnicas da circulação, via o desenvolvimento contínuo dos meios de transferência (transportes, comunicações e transmissão de energia).

No passado, "o viajante que atravessasse a França encontrava alternativamente uma vila de simples descanso ou uma cidade de completo repouso: a primeira bastava ao pedestre, a segunda convinha ao cavaleiro", de vez que "o ritmo das populações, a cadência natural calcada na marcha dos homens, dos cavalos e das carruagens" marcava o movimento do espaço (Reclus, s/d, IV: 366).

Com o advento da indústria, o desenvolvimento dos meios de transferência se acelera. A evolução dos transportes, dos meios de comunicação e do sistema de transmissão de energia articula e diminui a distância entre os lugares em escala planetária. Os constrangimentos da gravidade são superados. No dizer de Sorre (1967): é "o triunfo definitivo do homem sobre o espaço".

Tudo vai se tornando móvel na superfície terrestre.

A urbanização

A urbanização é o principal efeito da mobilidade do espaço na modernidade. E um meio de reorganização radical do arranjo do espaço herdado. De certo modo, a modernidade espacial se consolida com ela e por meio dela, em sua generalização pelo planeta.

Durante séculos a paisagem rural foi o quadro típico da arrumação geográfica das sociedades. A evolução técnica e dos intercâmbios quebra aqui e ali a tradição, mas não libera os grupos humanos para a mobilidade. Com a aceleração dos meios modernos de circulação, esses grupos saem dos seus territórios de origem, aos quais estiveram presos por longo tempo, migram, trocam de lugares e mudam de continente em grandes ondas. A população rural, fonte principal dessas migrações, se desloca em crescendo para as cidades, alterando os cheios e vazios das velhas arrumações do espaço.

A urbanização vai assim avançando na escala do planeta, estimulando o intercâmbio de produtos, integrando as culturas e mudando os hábitos de consumo:

> Em parte alguma, nestes dois últimos séculos, a Europa viu um mais rápido crescimento de população. Coincidiu, como efeito e causa, com o desenvolvimento da grande indústria e dos grandes aglomerados urbanos... Uma enorme procura de gêneros alimentícios foi o resultado dessa revolução demográfica. Não só os produtos do mundo inteiro foram drenados para os portos de aprovisionamento, mas um extraordinário impulso foi dado *in situ* às culturas que o clima favorecia e as exigências dos habitantes reclamavam. Por exemplo, a batata serviu no século XVIII para a colonização de uma parte da Prússia; e hoje torna possível a existência de pequenos grupos de cultivadores no seio das regiões árticas. Pode-se, pois, seguir nos nossos dias uma evolução que se propaga na Europa setentrional e de lá se comunica a outras regiões em virtude da analogia de condições gerais. Outrora, graças às transformações que se verificaram após a conquista romana, o trigo, a vinha e outras culturas do sul beneficiaram de nova expansão que as levou para o norte, até aos seus extremos limites. O cristianismo, por sua vez, contribuiu para as difundir; a vinha conquistou, ainda para o norte, um terreno que não pode conservar, e foi só no fim do século XII que a cultura do trigo atingiu a Noruega. Da mesma forma, assistimos hoje à propagação de um tipo de alimentação que teve origens longínquas, mas cujo desenvolvimento é recente. Neste regime, a batata, e bem assim as culturas propícias à criação de animais domésticos, a carne de boi e os laticínios desempenharam a sua função capital. As estatísticas confirmam esse movimento. Na Finlândia, enquanto nestes últimos anos se manifestou uma sensível diminuição nas velhas culturas da cevada e do centeio, verificou-se um aumento considerável da batata e da aveia. A Dinamarca, a Suécia meridional, a Finlândia e os Países Baixos tornam-se produtores e exportadores cada vez mais ativos de manteiga e de queijo; bem assim a Sibéria ocidental, o Canadá e, talvez no futuro, o sul do Chile, pois o consumo destes produtos cresce sem cessar, e não apenas nos países onde são uma cultura natural, mas por toda a parte onde aumenta e se multiplica a vida urbana; a produção do leite e o desenvolvimento das cidades aparecem como dois fatos sincrônicos e conexos. Causas geográficas e sociais convergem para um resultado comum. (La Blache, 1954: 384)

A cultura rural, então, recua em todos os cantos diante do avanço da cultura urbana. E o próprio campo se torna urbano com o tempo. Três fases se distinguem nesse processo que torna o mundo inteiro uma civilização urbana: na primeira, a cidade se separa do campo; na segunda, a cidade se torna o grande polo da concentração populacional; por fim, na terceira, a cidade invade e urbaniza o campo com sua cultura.

O continente europeu é um exemplo conspícuo dessa movimentação:

> Até o final do século XVIII, as regiões mais povoadas ofereciam, num mapa de repartição, um pouco a mesma imagem que o Extremo-Oriente de hoje (com densidades médias menos elevadas). Notava-se, com efeito, a mesma combinação sistemática de densidades rurais regulares e de uma rede de centros urbanos regularmente dispostos [...] Na Europa Ocidental, a partir dos primeiros anos do século XIX, a população urbana começa a crescer muito mais depressa que a dos campos. Estes atingiram sucessivamente um máximo de população, depois começaram a esvaziar-se. Os centros urbanos multiplicaram-se e hierarquizaram-se. O crescimento das grandes metrópoles provoca as alterações no conjunto do mapa da população [...]. Na mesma época, os Estados Unidos conhecem uma transformação análoga [...]. No Canadá, na Austrália, na Argentina a evolução também se processa nesse sentido. (Claval, 1987: 18)

Ao tempo que se concentra na cidade, a população se distribui mais entre os continentes, transcontinentalizando o fenômeno da urbanização:

> De 1821 a 1915, cerca de 29.000.000 de europeus atravessaram o Atlântico para se instalarem nesses novos países [...]. Este volume de homens lançado pelos paquetes da Europa no continente americano, não se dispersou ao acaso; não se esfarelou, como sucedeu outrora com os caçadores franco-canadenses, numa poeira espalhada pelos vastos espaços. Mas se foi canalizando em algumas correntes principais segundo uma progressão regular, de tal maneira que o centro de gravidade da população não deixou de deslocar-se no sentido de leste para oeste, isso aconteceu por mercê dos caminhos de ferro. Estes serviram de veículo à colonização. Quanto mais se afastava das costas, avançando na direção do interior para além de toda a estrada construída, mais a locomotiva exercia uma ação exclusiva, tornando-se autocrata. Dava ao solo que atravessava, ou do qual se aproximava, o único valor que podia fazê-lo apreciar nestes países novos, o de um capital produtor de comércio. A miragem que atrai para essas regiões novas uma vaga humana sem cessar renovada, não é já a das minas de metais preciosos, mas a dos produtos e salários a que se dá azo uma vida comercial intensa. Não se trata já de viver miseravelmente de uma terra avara, de consumir a energia num trabalho ingrato, mas sim de, após haver tirado de uma terra quase virgem um produto fácil, transformá-lo rapidamente numa riqueza circulante: a colheita logo transformada em cheque. Esta riqueza não pode nascer senão ao contato do carril. Este vivifica tudo quanto atinge. (La Blache, 1954: 335)

A compressão

A urbanização comprime e aproxima os espaços.

A intensificação das trocas estimulada pelos novos hábitos de consumo, a redução do tempo das distâncias e a velocidade das comunicações comprimem o espaço do planeta. A aceleração das transações financeiras é o melhor exemplo desse planeta que diminui de dimensões físicas, ao tempo que fica mais denso no seu quadro de relações.

Reclus observa que ainda no começo do século o capital se vale de

> [...] imensa teia de aranha por meio do qual estende seus fios sobre toda a superfície da Terra através de uma união postal universal para o transporte de cartas e documentos através dos continentes e mares, impressos e papéis de negócios, de amostras de comércio, e, por último, para o pagamento de pequenas quantidades de dinheiro. (Reclus, s/d, IV: 306)

La Blache dá a evolução das formas e meios de transporte como outro exemplo:

> As velhas carretas de bois, que levavam sete a oito semanas entre as montanhas Rochosas e o Mississipi, num percurso de 2.000 quilômetros, são agora substituídas pelo trem, que leva menos de uma semana para realizar a travessia costa a costa. (La Blache, 1954: 311)

Sorre vê na evolução das formas e meios de comunicação um outro:

> O aumento da velocidade e da frequência de viagem por terra, mar e ar não teria sido possível sem a transmissão quase simultânea do pensamento através do espaço a enormes distâncias. Acrescente-se a isto, a possibilidade de transmissão do registro de ordens à distância e a sua execução ao encargo de máquinas automáticas. O aperfeiçoamento dos métodos de cálculo balístico se conjuga com a construção de aparelhos eletrônicos para tornar possível a teleguia a enormes distâncias. (Sorre, 1967: 155)

E que a evolução das formas e meios de transmissão de energia traz o quadro mais completo, tornando

> [...] possível a interconexão de mananciais de energia elétrica, qualquer que seja sua origem, permitindo sua utilização racional, seja qual for a hora, ao tempo que a estação iguala as condições de espaços imensos. (Sorre, 1967: 112)

A fluidificação

O espaço vai se tornando liso e fluido. A mobilidade e a compressão do espaço eliminam a barreira das fronteiras, arrumando em rede o espaço que vai resultando desse redesenho.

De início, plantar a localização e distribuição dos elementos da constituição do espaço significa a criação de espaços fechados. Tudo está preso ao nível limitado dos meios de comunicação e transporte de então. O poder de locomoção é restrito. O raio de alcance territorial, diminuto. As informações de um lugar demoram a chegar a um outro. A mobilidade territorial é lenta. A fluidez dos intercâmbios é mínima. É o tempo-espaço das sociedades que vamos conhecer ainda nos anos 1950.

Depois, localização significa (re)distribuição dinâmica. Os fluxos ganham movimentação crescente. Primeiro as trocas, depois os homens e por fim os dados deslocam-se de um ponto a outro do planeta num tempo de aceleração maior e num tempo de distância menor. O arranjo dos espaços lentos se dissolve, a seletividade se reorienta e a interação entre os lugares aumenta intensamente, criando o tempo-espaço das sociedades modernas.

O ente geográfico da transição por excelência é o caráter dinâmico da cidade. O efeito do crescimento contínuo da cidade põe em conflito o fixo e o fluxo (Santos, 1996), o fixo das manchas das culturas e pastagens da paisagem rural e o fluxo dos meios de circulação. Como num desenho animado de um filme, o fluxo ganha do fixo e o movimento empurra para frente a mobilidade dos arranjos do espaço.

Mas a cidade apenas valoriza a logística dos transportes, das comunicações e da transmissão da energia, que não param de fluidificar e redistribuir a localização dos lugares. Até que o advento do ciberespaço desmonta o arranjo espacial montado na centralidade fabril, dissolve a compartimentação das regionalizações e valoriza as relações em rede (Moreira, 2000).

A mobilidade territorial da indústria é o exemplo que melhor representa o que está acontecendo. O arranjo espacial tem sua referência na centralidade fabril. O ponto efetivo de fluidez aqui é a mobilidade que desmonta a centralidade do espaço na fábrica. De início, a fluidez fabril é lenta. A tirania do carvão encerra a localização da indústria e da cidade nos limites rígidos da mina. Entretanto, o advento do uso industrial da energia da eletricidade e do petróleo multiplica e dissemina rapidamente a fábrica, amplia a intensidade da produção e das trocas e diversifica largamente a trama da circulação do transporte, tecnificando o espaço numa escala de generalização maior:

> Os países industriais são cada vez mais sulcados pelos elementos de uma estrutura de ligações técnicas, que intervêm mais ou menos diretamente no país: vias de circulação e de transporte que ocupam, nos centros industriais e nas regiões de grande concentração de indústrias, "impérios" muito extensos (estradas de ferro, estações de triagem, vias fluviais e portos interiores, autoestradas com os seus viadutos, pátios de estacionamento, heliportos, aeroportos com as suas vias de acesso e seus serviços técnicos), linhas de transporte de energia, oleodutos, gasodutos, canalizações de água, rede de evacuação das águas servidas e dos resíduos. (George, 1968: 107)

Assim, a fábrica se descola da cidade e migra para o campo, levando consigo a infraestrutura, o mercado consumidor e a sua população trabalhadora. Todo um deslocamento se dá de mercado e serviços, até então concentrados na cidade, para o campo, abrindo uma rede de comunicações que se alastra pelas áreas rurais. A cultura urbana se dissemina pelo espaço, eliminando a fronteira que até então separava o campo e a cidade. A paisagem dos signos e significados urbanos espraia-se ilimitadamente, recobrindo espaços que até então só se exprimiam pela linguagem sígnica da paisagem rural.

Na frente dessa disseminação estão os veículos por excelência da fluidez, nascidos também da revolução industrial avançada (o capitalismo tardio de Mandel, Lefebvre e Soja), que são o telefone, a televisão, daqui a pouco o computador, o caminhão, o automóvel e o avião (deixando para trás o trem e o navio, símbolos velhos de fluidez).

Então, tudo vira fluxo, diz George: de pessoas ("à diferença da população agrícola, a população industrial é móvel."), "de pensamentos, de ordens, de informações, veiculadas por correntes invisíveis de correspondência telefônica, telegráfica, radiofônica". Fluxo de bens materiais e imateriais e eminentemente subjetivos:

Já não são tantos os fatores de caráter propriamente industrial, no sentido que se lhes atribuía há cinquenta anos, que determinam as escolhas das implantações, mas os equipamentos culturais, científicos e sociais. [Isto é], equipamento universitário e científico, equipamento sociocultural, equipamento para lazeres. (George, 1968: 108)

Representar cartograficamente a paisagem do novo espaço torna-se um desafio. Como num movimento cinematográfico, a fluidificação introduz a paisagem mutante.

Antes da fluidificação, o que se via era a paisagem quase sem movimento, semelhante a uma tela realista:

> [...] manchas de contornos bastante regulares e como que definidos, de nuanças variáveis de acordo com as estações do ano, ora de cor branda da terra nua ou da cor quente e forte da terra trabalhada, ora o verde doce do capim novo, o amarelo escuro de espigas maduras, ou o branco ofuscante das flores de cerejeira ou das fibras do algodão, manchas que correspondem às partes da superfície em que o solo foi sulcado, revolvido ou gradado. (Sorre, 1967: 57)

Com ela aparece a paisagem das mutações aceleradas, à semelhança de uma tela impressionista:

> [...] a facilidade e a rapidez dos transportes levaram, em toda a parte, à transformação dos hortelãos em especialistas do cultivo de produtos temporões, no sentido de que todos os produtos vão dependendo cada vez mais do dia e até da hora em que podem chegar aos grandes mercados. Assim trata-se de uma rivalidade constante, exercendo-se entre todas as regiões de nossos territórios cultivados; os mercados urbanos, de grande consumo, – o de Paris mais do que qualquer outro – procuram obter todos os legumes e frutos escolhidos da forma mais contínua e possível. (Sorre, 1967: 238)

Até que a mutabilidade se radicaliza, tal como numa tela da pintura abstrata:

> A forma americana propriamente dita de paisagem rural é a da Pradaria, dividida em grandes unidades para a cultura maciça e extensiva do trigo pelas companhias de estradas de ferro canadenses e pelo governo federal e Estados de Minnesota, Dakota do Norte e do Sul e Montana, nos Estados Unidos, que introduziu uma estrutura excepcional de *habitat* disperso a grandes distâncias intercalares entre as fazendas e grupos de fazendas, preparando, antes que eles existissem, uma paisagem rural animada pelo automóvel, pelo trator e pelas grandes máquinas de amanho da terra. O rigor da divisão da planície em tabuleiro, resultante da operação cadastral inicial, a interminável perspectiva das estradas em linha reta, que se cruzam em ângulos de noventa graus, as fazendas a vários quilômetros de distância uma da outra, com as suas caixas postais e os seus abrigozinhos na estrada, que servem para que neles depositem as suas encomendas os comerciantes itinerantes, a implantação, nos cruzamentos principais, de pequenos centros de serviço, com escritório administrativo e escola, são os termos concretos expressivos de uma concepção absolutamente particular das relações entre o homem e a terra e da vida cotidiana do *farmer*.

E, assim mesmo, é preciso recolocar essa paisagem rural e esse quadro de vida em seu tempo de criação para perceber-lhe toda a originalidade. A estrada, o automóvel, o telefone, o rádio e a televisão estreitaram progressivamente os laços entre os *farmers* e o mundo exterior, de menos de meio século a esta parte. (George, 1968: 55-6)

O hibridismo

O espaço então se hibridiza. Signos e coisas de diferentes culturas se encontram e se misturam em todas cidades de todos os continentes. As lojas de supermercados, as bancas de jornal e revista e as lojas de departamentos são os pontos de encontro.

O híbrido cria o novo lugar, onde cada lugar contém todos os lugares (Santos, 1996). E, assim, o hibridismo vai tornando indistintos os espaços:

a) pelos padrões de consumo:

> Os transportes multiplicados, melhorados, facilitados, tendem a mesclar, mais e mais, tudo o que consomem os homens [...] Hoje o camponês de nossas regiões come e bebe café, chá e chocolate, açúcar e batatas, tantos produtos que eram, há apenas dois séculos, produtos de luxo e desconhecidos; está tão adaptado a estas bebidas e alimentos que mal se lembra do fato de serem quase inovações". (Brunhes, 1962: 49)

b) pelos contrastes da paisagem:

> Na paisagem os contrastes sociais transparecem; aqui, as quintas opulentas dos grandes exploradores, acolá, as cabanas minúsculas dos assalariados que têm apenas os braços para oferecer e nada para se defender. (Claval, 1987: 93)

c) pela total fluidez do cotidiano:

> O transporte por automóvel transformou a paisagem da estrada. Nas vias de comunicação, o incessante desfile dos caminhões pesados que passam pelas pontes, a fila de automóveis que se adiantam uns aos outros na pista, produzem uma espécie de vertigem. De trecho em trecho, os postos de gasolina se escalonam, com suas bombas e anúncios. Ao anoitecer, o fulgor dos faróis, a centelha das lâmpadas, rasga a escuridão. (Sorre, 1967: 143)

A sociodensidade

Fluido, liso e híbrido, o espaço socialmente se adensa. A espessura das relações sociais aumenta de volume em escala planetária. Mesmas relações passam a recobrir ecúmenos e anecúmenos, cidades e campos, países desenvolvidos e países subdesenvolvidos. E deixa de haver a fronteira que separava o natural e o social, o urbano e o rural, o nacional e o internacional, caindo as fronteiras geográficas.

A origem é a formatação dos lugares como um só mundo, advinda do aumento da densidade econômica, política, cultural e simbólica que muda a essência ontológica do espaço:

> A formação do ecúmeno, com seus contrastes, a constituição dos núcleos de densidade em circunstâncias físicas extremamente variáveis, apoia-se no domínio do mundo vivo e na ordenação do universo material graças ao progresso das técnicas. Num primeiro momento, a preocupação é a satisfação das necessidades primordiais a expensas dos reinos animal e vegetal. Porém, à medida que as atividades se racionalizam, que as técnicas se afirmam, incorpora-se à matéria uma quantidade crescente de inteligência. (Sorre, 1967: 52)

As tensões estruturais do espaço, assim, aumentam. Quanto mais denso, mais tenso. E denso, então, não é mais aquilo que se mede pelo critério da quantidade, mas pela diversidade qualitativa das relações: alta densidade pode se estabelecer em áreas de baixa ou de alta densidade quantitativa de população, porque tem a ver com a espessura de relações do tecido espacial.

E os cheios e vazios ganham um sentido mais complexo. Nas sociedades ainda não transformadas pela indústria, o tecido espacial tem a espessura dos modos de vida mais simples. A estrutura espacial é pouco espessa e inclui um pequeno elenco de relações, numa trama menor de complexidade. É o exemplo do complexo alimentar, da habitação, dos caminhos, dos utensílios, das armas, do vestuário etc., ligados a uma sociedade rural centrada na satisfação das necessidades vitais básicas e de espaços de baixa densidade de espessura, detalhadamente estudados por Sorre. A chegada da indústria aumenta a densidade da espessura espacial e cria um espaço de um outro tipo e plano de forma e conteúdo. A densidade do *habitat* industrial se revela na paisagem:

> A indústria toma a dianteira à agricultura e à pecuária como princípio de concentração da população, como fator de densidade. Produzem-se transpassos de atividades que determinam uma revolução nas formas dos *habitats*. (Sorre, 1967: 52)

Atravessa este *habitat* a divisão territorial do trabalho e das trocas que Sorre chama de espaços derivados.

A (re)estruturação permanente

O espaço se satura socialmente e agora é necessário reestruturá-lo, de modo a comportar a escala mais ampla de complexidade que o invade.

Considerando que a construção geográfica das sociedades é um processo de movimento dinâmico, a reestruturação espacial é um dado constante na história. Monta-se a paisagem por seletividade. Desenvolve-se o arranjo por agregação de práticas espaciais que se adicionam à medida que a armadura ganha peso e desdobra o seu porte de escala. Até que a complexidade ultrapassa a capacidade de assimilar coisas novas e um ciclo de reestruturação se faz necessário. A reestruturação acontece, e por isso, ao fim e ao cabo, como diz Sorre, "todo o equilíbrio espacial da sociedade encontra-se modificado", dando-se um novo início de período.

Então, forma-se uma nova escala de relação sociedade-espaço e um novo sentido que (re)valoriza o seu significado:

> [...] fontes de riqueza latentes que, sem ela, passariam inadvertidas. Ela atrai a técnica, os capitais, as energias humanas; ao próprio tempo que, pela reavaliação dos produtos, faz entrar estas riquezas no ciclo geral da economia; fixa grupos humanos no solo ali onde não havia nada em definitivo; e cria um novo conceito de ecúmeno. (Sorre, 1967: 57)

Três épocas modernas de reestruturação podem ser vistas na história do espaço no Ocidente, correspondendo a diferentes eras de períodos técnicos: a fabril da primeira revolução industrial, a fabril da segunda revolução industrial e a cibernética da terceira revolução industrial (Moreira, 1998a, 1998b, 1999a e 2000).

Uma sequência de épocas pode ser vista desde a revolução técnica do neolítico até o momento moderno da passagem do artesanato para a manufatura. Mas são as épocas fabris, consolidando a constituição da sociedade capitalista, que normalmente consideramos de reestruturação.

A primeira época é o momento do nascimento da fábrica. É o período marcado pela mobilidade das plantas e dos animais que as grandes navegações intercambiam pelos continentes, pela organização da sociedade em regiões homogêneas e pela relação internacional centrada nas grandes praças de mercado da Europa:

> Há mercados em Londres ou em Paris que contêm mais riquezas que as que levavam todas as caravanas do passado e se vendia em todas as feiras do mundo; cada dia os trens das vias férreas fazem entrar nas cidades mais clientes que os que podiam reunir-se em Bucareste, Leipzig ou Novgorod. A rede das ferrovias, dos telégrafos e dos telefones vibra constantemente para transportar mercadores e transmitir suas ordens de cidade em cidade e de continente em continente. (Reclus, s/d, IV: 365)

A segunda é o momento maior da centralidade fabril. É o período marcado pela aceleração da técnica da circulação (a ferrovia e depois a rodovia e a navegação aérea, nos transportes, e o telégrafo e depois a telefonia, nas comunicações), pela organização da sociedade em regiões polarizadas e pela relação internacional centrada nas praças da grande indústria:

> O progresso agrícola realizado desde meados do século XVIII na Inglaterra, a vitoriosa expansão da indústria em pleno século XX, destruiu o equilíbrio do mundo rural. Na Europa Ocidental afetou profundamente em sua supremacia, em sua estrutura e em seu espírito. O movimento vai se estendendo nela a todos os países de civilização industrial, e se propaga aos demais. Algumas cifras revelam as mudanças produzidas na distribuição do emprego desde 1850. Não cabe dúvida de que os progressos científicos dos sistemas de cultivo, ao provocar uma maior produtividade, se traduzem, correlatamente, em um desemprego tecnológico. Por fim, duas coisas são afetadas ao mesmo tempo: o tipo de povoado rural que evolui para a urbanização e a mentalidade camponesa que evolui para a do operário industrial. (Sorre, 1967: 99)

A terceira, por fim, é o momento atual, da desterritorialização que dissolve o poder espacial centrado na indústria fabril e desloca a centralidade para a finança, marcado pela prioridade da informação, pela organização da sociedade em rede e pela relação internacional centrada nos grandes polos difusores do consumo de massa:

> A facilidade de comunicação proporciona ao cliente a possibilidade de escolher entre o mercado periódico, o armazém local e o shopping da grande cidade. A criação de grandes lojas, estabelecimentos de preço único, comércio com múltiplas sucursais, aumenta as tentações, as incitações às compras. Um número maior de pedidos diretos, as encomendas à base de catálogos por telefones ou por correspondência, reduziram o representante. A publicidade em todas as suas formas exerce uma poderosa ação nas áreas de venda. (Sorre, 1967: 175)

Em cada um desses momentos, as fases da construção espacial da sociedade (da montagem, do desenvolvimento e do desdobramento) recomeçam, o mapa do arranjo dos cheios e vazios se reinicia e tudo se redinamiza. Um novo bloco histórico comanda um novo arco de hegemonia. E novos esquemas regulatórios da reprodutibilidade então surgem, orientando uma nova era de construção do espaço. Até que a própria reestruturação se torna um dado permanente. É o período a que chegamos agora.

Notas

Texto publicado originalmente em GEO*graphia*, ano III, número 5, 2001, revista do Programa de Pós-Graduação em Geografia da Universidade Federal Fluminense (UFF).

[1] Termo usado por Lacoste, cujo modo de entendimento aqui arbitramos. Vide ainda Lobato (1995).

[2] Termo também usado por Lacoste, em analogia ao conceito de historicidade. É usado por nós no sentido do espaço como forma de existência de homem no mundo.

CONCEITOS, CATEGORIAS E PRINCÍPIOS LÓGICOS PARA O MÉTODO E O ENSINO DA GEOGRAFIA

A geografia é uma forma de leitura do mundo. A educação escolar é um processo no qual o professor e seu aluno se relacionam com o mundo através das relações que travam entre si na escola e das ideias. A geografia e a educação formal concorrem para o mesmo fim de compreender e construir o mundo a partir das ideias que formam dele. Ambas trabalham com ideias. O que são as ideias para a geografia e a escola? O que é o mundo para ambas? Em que medida a geografia e a escola se unem e se juntam na tarefa de compreender o mundo como nosso mundo? O que uma oferece à outra?

Mundo e ideia de mundo

Raramente nos damos conta de que em cada canto trabalhamos com as coisas reais a partir das suas ideias. Isto é, com a representação que temos do real. Por isso que tomamos a ideia pela realidade, a ideia da coisa pela coisa, confundindo a leitura com as próprias coisas. Assim, por exemplo, na geografia confundimos a geomorfologia com o relevo, a ideia da coisa com a coisa real. E isso pela simples razão de que são nossas ideias que formam o que chamamos de mundo e orientam nossas práticas. De o homem diferir dos outros seres pelo princípio da ideação. Antes mesmo de produzir um objeto, o homem formula seu desenho na cabeça. E feito isso, produz exatamente como o ideou. Marx

(1985) resume o princípio da ideação na metáfora da abelha: o pior dos arquitetos é melhor que a melhor das abelhas, porque antes de construir sua casa projeta-a na cabeça.

Duas consequências podem advir dessa nossa confusão da relação entre a ideia e o real: dispensarmos o real, tomando por real a ideia, ou dispensarmos a ideia a título de que não é o próprio real. No primeiro caso, absolutizamos verdades. No segundo, caímos no empiricismo. Em ambos os casos, dissolvemos a possibilidade da reflexão crítica do conhecimento.

Mas o que é o real? E o que é a ideia?

A ideia não é uma invenção pura e simples de nosso pensamento, uma especulação sem mais nem menos de nosso intelecto. A ideia é o que resulta da nossa relação intelectual com a realidade sensível, o real sensível traduzido como construção do intelecto através do conceito. Daí dizermos que é uma representação.

Por que é importante essa consciência da representação? Porque uma vez assim entendida, a ideia pode ser submetida ao fio crítico do debate, permitindo-nos: 1) refletir sobre nossas leituras do mundo; 2) clarificar o modo como as produzimos e praticamos; 3) desfazer o dogma do conhecimento; 4) estabelecer os limites da teoria; 5) perceber que várias alternativas de representação são possíveis; e; 6) compreender o poder das ideias na transformação da sociedade em que vivemos.

A produção da ideia e a práxis

A ideia que temos da coisa (o real) é o resultado da síntese de dois campos distintos: o campo sensível e o campo intelectivo. Uma formulação que está presente em todas as fases da filosofia. O campo sensível é o terreno dos sentidos (a visão, o tato, a audição etc.) e da percepção (as sensações reunidas numa única imagem em nossa mente). O campo intelectivo é o terreno do pensamento e dos conceitos. Esses dois campos se interligam através de nossas práticas.

Através da sensibilidade captamos as coisas da realidade circundante e as transportamos na forma de sensações até dentro de nós, à nossa mente. Em nossa mente, essas sensações são reunidas na reprodução dos objetos do mundo externo na forma da imagem. Forma-se, assim, uma primeira síntese da realidade do mundo, que é a senso-percepção.

O pensamento atua sobre essa nossa percepção, comparando os fenômenos por suas semelhanças e diferenças, separando-os e grupando-os por níveis de identidade e assim produzindo o conceito. É o conceito que agora vai interpretar nossas percepções, buscando esclarecer a natureza das relações existentes entre os fenômenos (as coisas), retirando-os do plano da singularidade com que os captamos nos nossos sentidos e levando-os para o plano da totalidade. Esse encaixe estrutural é a ideia que passamos a ter do fenômeno (da coisa), assim surgindo nossas teorias.

Através de nossas ações práticas, a ideia assim transformada em teoria retorna ao mundo externo para orientar nossas relações com o mundo, formando-se a práxis.

Nossa relação com o mundo é, assim, uma práxis, isto é, nossa prática combinada com nossa teoria numa interação dialética. Na práxis, a teoria (a ideia da coisa) e a prática checam a pertinência da relação entre a ideia e a coisa num processo de contínuo aperfeiçoamento em que a prática corrige a teoria e a teoria corrige a prática, teoria e prática corrigindo-se e determinando-se reciprocamente. É por isso que nossa teoria e prática de vida são tão mais objetivas em seus propósitos quanto mais a ideia e a coisa estejam correlacionadas.

Mundo e representação

Assim se origina e se define o papel da representação. E então o que chamamos de mundo.

Chamamos mundo ao modo como estruturamos nossa relação com as coisas que nos rodeiam a partir da ideia que formamos delas. O modo como a partir desse entendimento as trazemos para nosso campo de significações. Daí dizermos que o mundo são as nossas representações. Porque o vemos e vivemos segundo a ideia e o sentido que temos dele. A questão é como da ideia chegamos à representação e ao mundo.

Inicialmente tudo nos parece indeterminado na nossa prática de experienciação das coisas do nosso entorno. Temos a percepção dos fenômenos, mas nada de determinado e definitivo podemos afirmar sobre eles. Nossa percepção sensível nos põe em contato com coisas singulares. Aos poucos, a observação atenta vai vendo nelas aspectos comuns e por meio da reunião desses aspectos vencemos o horizonte do singular e as transpomos para o do universal. Surge, assim, um plano geral que nos permite voltar às coisas singulares para reunir agora para cada uma delas os aspectos que lhes são específicos e comuns, surgindo o horizonte da particularidade. Por reunir o singular e o universal, o particular é então o concreto. Dito de outro modo: é quem introduz o conceito. Por isso dizemos que por meio do conceito as coisas se tornam concretas e determinadas (Kosik, 1969; e Lefebvre, 1969b). Porque a impressão da desordem sensível inicial deu lugar a uma ordem racional ao mundo das coisas. Dizemos, assim, que há relação entre os fenômenos e por meio dessa relação é que podemos compreendê-los.

Dizemos que esse quadro de compreensão forma o mundo quando a ele emprestamos um sentido de significação, coisas e relações do mundo passando a ser ontologicamente algo para nós.

Assim como o conceito vira mundo pela significação que lhe emprestamos, assim também por meio da relação entre imagem e fala vira representação. Esclareçamos esse ponto.

A representação é o mundo construído na dialética da imagem e da fala. Vimos que a imagem surge no campo da senso-percepção, e a fala surge no campo da tradução intelectiva dessa imagem, e que ambas estão inscritas no conceito. A representação é o produto da transcodificação que se estabelece entre imagem e fala dentro do conceito, na qual a imagem se exprime através da fala e a fala codifica e dá voz à imagem. Assim, na representação, é pela fala e pela imagem que o mundo se nos apresenta. E é por meio delas que se faz presente. De modo que mundo é a imagem e a fala com que o representamos ao fazermos intervir o sentido da significação no conceito.

A arte, a ciência e a religião são as formas correntes de representação. Campos de significação enxertados no conceito, mas cada qual a seu jeito. Reside aqui a diferença que há entre a epistemologia e a ontologia. A epistemologia tem centro no conceito. A ontologia tem centro no sentido das significações. Por isso, a epistemologia se define no campo da ciência (para muitos, epistemologia é o mesmo que filosofia da ciência), deixando a arte e a religião como campos de outros âmbitos de reflexão.

Limitar-nos-emos neste texto ao campo da epistemologia, deixando o tema da ontologia para outro momento.

A ciência como forma de representação

A ciência é uma forma de representação que vê e organiza o mundo através do conceito, restringindo a relação entre a imagem e a fala a esse nível de representação.

O conceito vem basicamente de nossa relação lógica – intelectiva – com o mundo, num ato de racionalização dos dados sensíveis. Todo conceito tem de um lado forte ligação com os princípios lógicos que o norteiam e de outro com a categoria através da qual intervêm. De modo que princípios lógicos, conceitos e categorias são, assim, os elementos essenciais da construção da representação científica. Os conceitos, as categorias e os princípios lógicos agem num plano combinado. Os princípios lógicos são a matéria-prima racional da construção do conceito. E as categorias são os conceitos vistos na ação prática de transformar os dados da experiência sensível em teoria. E todos eles são a expressão da razão em sua tarefa de organizar os dados da percepção sensível num conceito de mundo (ou do mundo como um conceito científico e produto da razão).

A expressão mais acabada da razão na ciência é o método. A tal ponto que a ciência pode ser definida como o conhecimento metódico. Isso significa dizer que no conhecimento científico o fundamental é o método. E em ciência método é todo caminho que conduz ao conhecimento. O que faz do conhecimento a própria forma da representação científica.

A chave do método é a categoria. E vimos que a categoria é o conceito em ação. Pode-se mesmo dizer que a categoria é o seu conceito, querendo-se dizer com isso que a categoria atua nos limites e no propósito do seu conceito. O que empresta poder de categoria a um conceito é a rede de relações que ele leva o fenômeno a ter com as demais categorias do seu campo de representação.

Ideia e representação em geografia

Vejamos como podemos pensar esse corpo geral de teoria de mundo e da representação em ciência no campo específico da geografia.

A geografia é uma forma particular de ciência que tira sua especificidade de relacionar imagem e fala por meio da categoria da paisagem. E essa especificidade vem do fato de que para produzir a sua forma de representação de mundo a geografia tem que conceber o mundo como espaço. Essas duas categorias necessitam para isso mobilizar a categoria intermediária do território. Paisagem, território e espaço formam, como veremos a seguir, a tríade das categorias da representação e construção da ideia de mundo da geografia. Mas qual é o conceito de paisagem, território e espaço? E como se forma a representação em geografia? Respondamos essa pergunta primeiro.

A paisagem é o ponto de partida e o ponto de chegada na produção da representação em geografia. Isso significa valorizar a imagem e a fala na representação geográfica. E, assim, a sensibilidade e a intelecção, fontes da imagem e da fala como antes havíamos analisado. Daí que a geografia sempre pareça ficar num meio-termo entre a arte e a ciência, duas formas próximas de representação.

Dessa especificidade sai o seu método. O método da geografia é também o de acompanhar o vaivém das retransfigurações da imagem e fala, mas partindo do princípio de que imagem e fala são atributos da paisagem e por isso trocam de posição e dialogam – a imagem vira fala e esta vira imagem que volta a ser fala numa troca de posições ininterrupta – em caráter permanente dentro da representação geográfica. Por conta da paisagem o retorno recíproco da fala e da imagem é uma necessidade maior ainda na geografia. Não basta, portanto, constituir a imagem e exprimi-la pela fala como sucede acontecer para a maioria das ciências. Mas descrevê-la em palavras com um rigor fotográfico. E no mínimo detalhe. De modo que o trânsito recíproco da imagem e da fala signifique o trânsito entre os conceitos de paisagem, território e espaço, que são a essência epistemológica da geografia. Isso porque em seu método a geografia busca na paisagem (a imagem) os detalhes que tenham constância, isto é, que se repitam, de forma a por meio da permanência poder encontrar os padrões que levem à evidenciação da organização do espaço (a fala). E isso significa estabelecer uma relação entre o visto e o dito em que a imagem sensível da paisagem se transforme na fala do conceito do espaço.

Ver e pensar é, então, como podemos resumir o processo do método em geografia. Método que consiste em passar da descrição do visível da paisagem (o plano do sensível na geografia) à compreensão da estrutura invisível do espaço (o plano do inteligível), o que só vem com a intervenção estruturadora do conceito (Moreira, 1982a).

Ver e pensar é também como nela podemos resumir o processo de produção da representação de mundo. Vejamos dois exemplos.

Ver e pensar em geografia: como temos visto e pensado

É próprio de toda forma de representação ver e pensar de diferentes modos. A geografia não foge à regra. Dois diferentes modos podem ser vistos como exemplo: o modo de ver e pensar histórico e o que surge nos anos 1970.

Em cada um deles movem-se as categorias da paisagem, do território e do espaço, exprimindo o modo de combinação da imagem e da fala (da sensibilidade e da intelecção) que é próprio da geografia. Mas cada qual ilustra um modo distinto de representação, pelas diferentes maneiras de conceber cada uma daquelas três categorias e, sobretudo, a forma como juntas produzem a ideia e o conhecimento do mundo.

a) O modo de ver e pensar clássico:

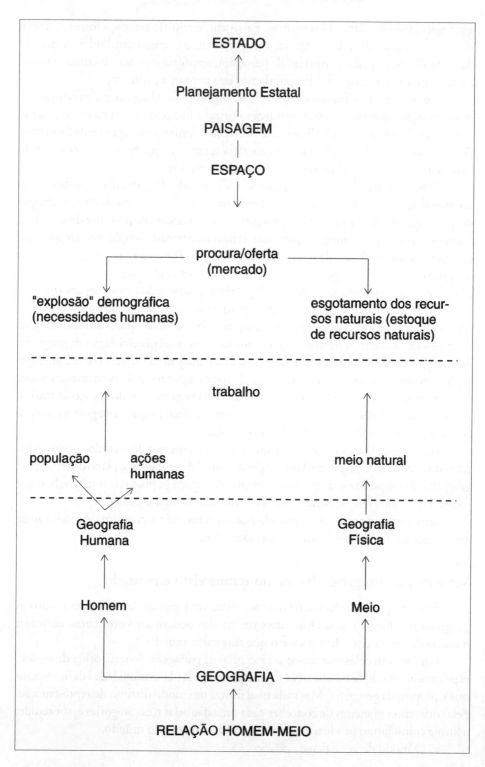

Esquematizemos:

1. O ponto de partida é a afirmação de que a geografia é o estudo da relação homem-meio, por meio da organização do espaço pelo homem.

2. No entanto, logo no começo, homem e meio são dicotomizados e o estudo do homem é visto como objeto da geografia humana e o da natureza como objeto da geografia física, de modo que a noção de relação homem-meio é abandonada no caminho e o espaço como forma de organização não é chamado a intervir.

3. Por isso, cada uma das categorias vai aparecendo como coelhos saindo magicamente da cartola por mero passe de prestidigitação no andamento da descrição da paisagem, a exemplo da categoria trabalho, que faria homem e meio se encontrarem.

4. Como se deixa de operar desde o começo com a noção de relação e de organização, não há o desenvolvimento propriamente de um raciocínio, seja de relação ambiental, seja de organização espacial.

5. Ao contrário, o que vai se erguendo é a construção de um edifício em cacos, de padrão em blocos N-H-E.

6. O nexo totalizador só começa a ficar transparente quando: 1) no meio do processo de montagem da representação, a relação homem-meio aparece sob a forma malthusiana pura e simples da relação necessidades *versus* recursos sob a mediação do mercado; ou 2) no final o discurso fecha mostrando a ação do Estado como escopo e sujeito da organização do espaço.

Alguns problemas decorrem desse esquema de representação: 1) o primeiro problema refere-se ao lugar do homem: é um homem atópico, não está na natureza (foi excluído da geografia física) e não está na sociedade (foi excluído da geografia humana). Não estando num mundo e noutro, é um homem reduzido à categoria da população e população é uma expressão elástica (pode ser tudo e qualquer coisa) e opaca (nada é social ou naturalmente definido); 2) o segundo refere-se ao lugar correlato de natureza: é uma natureza confundida com os fenômenos naturais do entorno, coisas físicas e fragmentárias; 3) por fim, o terceiro e último refere-se ao modo de encaixe da relação: homem e natureza se deparam, numa recíproca relação de externalidade, e então o que era uma relação no início não evolui como tal e se projeta sem nenhum plano de convergência no curso e no fim do pensamento, movendo-se como realidades dicotômicas, vagas, sem lenço e sem documento.

A decorrência disso é a ideia de que há uma estrutura invariável de sociedade: seja qual for seu tempo e espaço, a sociedade é sempre uma estrutura N-H-E (algumas vezes H-E-N e outras E-H-N, o que dá no mesmo). Assim, seja qual for o seu modo de produção, a sociedade não se altera em sua forma de organização geográfica. Ora, o tipo de solo, para dar um exemplo, pode ser o mesmo como substrato territorial da relação homem-meio em dada sociedade, mas a forma como essa relação o incorpora depende do modo e do papel que ele cumpre na dinâmica processual da organização espacial dessa sociedade. O raciocínio se aplica a outras categorias de fenômeno. Todavia, dado essa invariância, é a categoria que faz a relação e não a relação que faz a categoria (na geografia, é a categoria que dá origem à estrutura e não a estrutura à categoria).

Há, portanto, um problema de combinação entre imagem e fala. E que podemos expressar do seguinte modo: em geografia a categoria nunca é acompanhada do conceito. Segue-se daí uma sequência de outros problemas, todos como desdobramento de uma certa indigência teórica: 1) a invariância tricotômica (a estrutura é a mesma no espaço e no tempo); 2) a essencialidade taxonômica (é um discurso classificatório e catalográfico); 3) a aglutinação em cacos (as categorias evoluem em paralelo e desligadas, sem o recurso do conceito); 4) o caráter descritivo do texto (falta análise geográfica na inter-relação dos dados).

Os textos escolares desse tipo de geografia têm sempre a mesma sequência de capítulos, dado o tratamento fragmentário, em separado e paralelo: a posição geográfica e astronômica, relevo, geologia, clima, hidrografia, vegetação, população, agricultura, indústria, cidades, transportes, comércio. O que faz desses textos catálogos de informações tematicamente padronizados, não trabalhos analíticos de sociedades geograficamente organizadas (Moreira, 1987).

b) O modo histórico-materialista:

A partir dos anos 1970, um esquema de orientação marxista aparece, oferecendo-se como um outro modo de representação geográfica. Nesse esquema de representação, os fenômenos são concebidos em pares dialéticos, de forma que o esquema segue um movimento de mão dupla. Ademais, como na concepção marxista de história cada sociedade tem a sua forma própria de organizar seu espaço, optamos por exemplificar com o esquema de representação da sociedade capitalista.

Sabemos que nesse tipo de sociedade a essência se manifesta na aparência de uma forma inversa, como no movimento aparente do sol. O que significa que o método de leitura deve saber combinar dialeticamente esses dois níveis.

Mais que no anterior, nesse esquema isso significa mobilizar as categorias do visível e do invisível analisadas por George (1978). Trata-se de explicar o visível pelo invisível e o invisível pelo visível, numa reciprocidade de análise que força a geografia a mobilizar recursos de outras ciências. E de certo modo é por isso que num esquema de representação geográfica do tipo que vamos ver, a teoria do espaço tem muito de uma economia política do espaço, o que só se evita tendo-se sempre presente o caráter triádico das categorias de análise geográfica – paisagem, território e espaço –, e a atenção própria da geografia para o problema da transcodificação entre visto (imagem) e dito (fala), dada a importância que o conceito tem nesse esquema de representação.

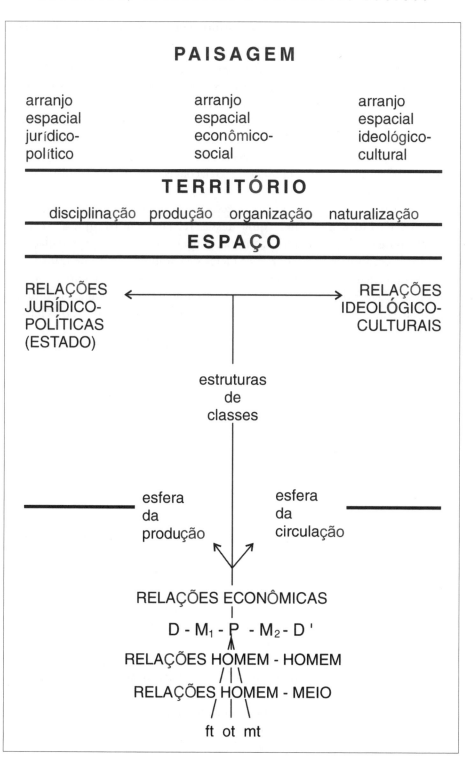

Lido no sentido da paisagem para a estrutura mais íntima, isto é, do visível para o invisível, o esquema é o que se segue:

1. A observação atenta do arranjo mostra que a paisagem é formada de distintos objetos espaciais: o cinema, a igreja, a escola, o quartel, a delegacia, o fórum, a prefeitura, a fábrica, a mina, a loja, a fazenda etc.

2. E que são distintos pelo conteúdo que encerram, por serem a expressão particular das formas de relação que se entrecruzam dentro do arranjo: relações ideológicas e culturais (o cinema, a igreja, a escola), relações jurídicas e políticas (o quartel, a delegacia, o fórum, a prefeitura), relações econômicas (a fábrica, a mina, a loja, a fazenda).

3. Então, ao se analisar seus respectivos conteúdos, descobre-se que são mediações na estrutura e hierarquia dessas relações no arranjo: as relações econômicas de produção (a fábrica, a mina, a loja ou a fazenda) e de circulação (o mercado, as empresas de transporte, os meios de comunicação ou de transmissão de energia), formando a infraestrutura, sobre a qual se superpõem como relações de controle as relações da superestrutura, naturalizando (relação ideológico-cultural), disciplinarizando (relação jurídica) e consensualizando (relação política) as tensões (de classes, ambientais etc.) da infraestrutura.

4. A análise das tensões leva a perceber em cada forma de objeto espacial – a fábrica e a fazenda são dois exemplos clássicos – uma separação dos homens em proprietários e não proprietários do objeto espacial e seus elementos.

5. E tira-se dessa percepção a explicação da origem do caráter conflitivo e dicotômico da relação homem-meio/homem-espaço existente na organização espacial dessa sociedade.

Lido agora no sentido inverso, da essência revelada de volta para a aparência mais epidérmica da paisagem, temos:

1. O ponto de partida é a relação metabólica do trabalho, isto é, a relação de intercâmbio homem-meio, na qual as forças produtivas (ft = força de trabalho, ot = objeto do trabalho e mt = meio do trabalho) se articulam ao redor da tarefa de transformar a natureza de valor de uso em meios de produção e mercadoria.

2. A relação de propriedade separa a ft (o homem com sua energia física e intelectual de trabalho) e os mp (meios de produção, isto é, objetos e meios de trabalho) em duas formas distintas de propriedade e proprietários, separando os homens entre si em donos da ft e donos do conjunto do conjunto dos mp e assim definindo a relação homem-homem.

3. A relação de compra e venda se interpõe então entre os proprietários unificando as forças produtivas a favor de um dos lados e determinando nessa mediação o conteúdo da relação homem-meio.

4. As relações homem-homem e homem-meio se enchem do antagonismo social presente na relação de propriedade das forças produtivas, tensionando social e ambientalmente a organização da sociedade pela base.

5. A finalidade mercantil força o processo econômico a dividir o espaço em duas esferas distintas e combinadas: a esfera da produção (representada na paisagem pela fábrica, pela mina e pela fazenda) e a esfera da circulação (representada na paisagem pelas lojas de comércio, vias de transportes, meios de comunicação e redes de transmissão de energia), integrando-as pela fórmula D-M1-P-M2-D'.

6. Ao tempo a fórmula D-M1-P-M2-D' organiza-o como um movimento em ciclos do capital – em que: D = capital dinheiro; M1 = mercadorias, força, objeto e meios de trabalho; P = processo da transformação dessas formas velhas em formas novas de mercadorias; M2 = mercadoria a ser posta à venda no mercado; D' = o capital dinheiro retornado em escala ampliada pela venda da mercadoria dois com o acréscimo do lucro –, sob o comando da lei da reprodução ampliada.

7. Para evitar que a tensão da base se generalize pela totalidade das relações da sociedade, atuam as relações superestruturais com a finalidade de naturalizar (relações ideológico-culturais), disciplinarizar (relações jurídicas) e consensualizar (relações políticas) as relações da infraestrutura no nível das representações.

8. E são essas relações de infraestrutura e superestrutura que vemos formando e dando vida ao arranjo e à fisionomia dos objetos da paisagem.

O esquema do método lembra um mergulho de ida e volta nas camadas da Terra até o centro. No curso do atravessamento se tem um primeiro conhecimento das camadas, sua natureza e posição relativa na estrutura da Terra, sem poder-se analisá-las ainda propriamente. No decurso do retorno, a situação se mostra diferente. As primeiras impressões se tornam agora um conhecimento mais preciso, as relações se tornam mais consistentes e a estrutura se revela em sua essência.

Vai-se, assim, do visível para o invisível e do invisível volta-se para o visível, num movimento dialético da intelecção no curso do qual a paisagem – aquilo que no fundo se quer ver compreendido – se torna o concreto-pensado. No caminho da ida, as relações são lidas da paisagem para as relações estruturais mais íntimas. Mergulha-se na paisagem, a partir da observação da localização e distribuição dos objetos espaciais que a compõem em busca do conhecimento das conexões que levem ao conhecimento da estrutura. No caminho de volta, faz-se o movimento de retorno à paisagem para clarificá-la como um conteúdo estrutural conhecido e que esclarece e elucida o caráter de cada um dos objetos que a compõem e foram localizados no início.

Em que o segundo esquema de representação geográfica difere do primeiro? Primeiramente, é um esquema que rompe com a estrutura do N-H-E. Em segundo lugar, a relação homem-meio é uma relação de troca metabólica, em que homem e natureza intercambiam matéria e energia, numa geografia que não se separa em física e humana. Em terceiro lugar, tem um caráter ontológico, fazendo da representação um discurso do estar e ser do homem no mundo via o espaço. Em quarto lugar, é o conceito do trabalho que conduz as relações e costura todo o fluxo do pensamento.

Por outro lado, os dois esquemas têm em comum o fato de operarem com as categorias do espaço, do território e da paisagem, em negrito no segundo esquema, como categorias-chave da geografia.

Vejamos agora esses conceitos, suas categorias e princípios lógicos.

Categorias, conceitos e princípios lógicos da geografia

A relação homem-meio é o eixo epistemológico da geografia. Todavia, para adquirir uma feição geográfica, a relação homem-meio deve estruturar-se na forma combinada da paisagem, do território e do espaço.

Do ponto de vista da representação, tudo começa na categoria da paisagem, mas se explicita na categoria do espaço mediada na categoria do território. Interpretando a forma de relação entre elas tal como vimos no segundo esquema, vai-se do espaço para o território e por meio deste chega-se à paisagem. Mas depois faz-se o inverso: vai-se da paisagem ao território e deste chega-se ao espaço.

Por outro lado, o entrelaçamento em cadeia dessas três categorias, sempre com a centralidade na categoria do espaço, dá também a fórmula geográfica para a leitura da relação entre as categorias do meio ambiente e do espaço. Ao se exprimir como espaço através dos princípios lógicos da localização e da distribuição, que veremos a seguir, na paisagem e assim no território, o meio ambiente se organiza espacialmente, organizando a sociedade ambientalmente.

O mesmo padrão serve para a análise de toda e qualquer outra forma de relação do homem.

Paisagem, território e espaço – com o primado no espaço – são assim as categorias da geografia. Analisar espacialmente o fenômeno implica antes descrevê-lo na paisagem e a seguir analisá-lo em termos de território, a fim compreender-se o mundo como espaço. Mas em verdade quem faz essas transposições é a presença dos princípios lógicos tanto no espaço, quanto no território, como na paisagem. De modo que para entendermos como essa relação se estabelece necessitamos esclarecer a questão dos princípios lógicos na geografia.

Antes de mais nada quais são, na geografia, os princípios lógicos e como nela se relacionam princípios lógicos, conceito e categoria? Os princípios lógicos são os princípios da localização, distribuição, extensão, distância, posição e escala. Os antigos compreendiam a importância preliminar e central desses princípios na formação da personalidade e do discurso da representação geográfica. Organizar e estruturar geograficamente significava, simultaneamente, para eles, localizar, distribuir, conectar, distar, delimitar e escalarizar as relações na paisagem e transportá-las para o mapa. Só então podia-se analisar a relação homem-meio/homem-espaço em sua dimensão geográfica.

Perceber um fenômeno em sua dimensão geográfica é assim primeiramente localizar, distribuir, conectar, medir a distância, delimitar a extensão e verificar a escala de sua manifestação na paisagem. A forma como o fenômeno aparece no espaço é a do objeto espacial, a exemplo da fábrica no fenômeno econômico, da igreja no fenômeno cultural e do parlamento no fenômeno político. Todo conhecimento em geografia por isso começa na descrição da paisagem. O recorte de espaço desses objetos na paisagem é o seu território. De modo que o segundo momento do método é a aplicação dos princípios lógicos do espaço à leitura do território. Já estamos a meio passo do caminho da passagem da sensibilidade para a intelecção que, vimos no começo do texto, em geografia significa dialetizar o movimento da transfiguração entre o visto e o dito (a imagem e a fala) de modo a dar no conceito do espaço. É a mediação do território que dá o salto de qualidade, analisando-se a paisagem agora a partir dos recortes de domínio do espaço. A categoria do território sai como um salto da observação da paisagem. E daí pula para se explicitar como espaço (é um recorte espacial).

Espaço, território e paisagem formam, assim, o rol das categorias de base de toda construção e leitura geográfica das sociedades. Mas são os princípios lógicos a base dessa base. São eles que criam o espaço, por estarem presentes também nele, convertem a paisagem em território e o território em espaço.

Tudo na geografia começa então com os princípios lógicos. Primeiro é preciso localizar o fenômeno na paisagem. O conjunto das localizações dá o quadro da distribuição. Vem, então, a distância entre as localizações dentro da distribuição. E com a rede e conexão das distâncias vem a extensão, que já é o princípio da unidade do espaço (ou do espaço como princípio da unidade). A seguir, vem a delimitação dos recortes dentro da extensão, surgindo o território. E, por fim, do entrecruzamento desses recortes surge a escala e temos o espaço constituído em toda sua complexidade.

A presença dos princípios lógicos em cada uma das três categorias cria para cada qual uma sequência de desdobramentos subcategoriais, e é isso que vai permitir a materialização do espaço na *empiria* do território e da paisagem. A localização, distribuição, distância, conexão, delimitação e a escala são as subcategorias do espaço. Ao se manifestarem no território dão origem à região, ao lugar e à rede, que são recortes concretos (empíricos) de espaço e, assim, subcategorias do território. Na paisagem, por fim, os princípios aparecem na forma do arranjo e da configuração, que são suas subcategorias.

Abaixo temos o quadro completo das categorias e subcategorias (as categorias de categorias) de constituição da produção da ideia, da representação e do conceito de mundo na geografia:

CATEGORIAS	CATEGORIAS DE CATEGORIAS
Espaço	Localização, distribuição, distância, extensão, posição, escala
Território	Região, lugar, rede
Paisagem	Arranjo, configuração

A propriedade do olhar geográfico e o papel do método e da escola

Houve uma época em que o fazer geográfico consistia em saber empregar os princípios lógicos da localização, distribuição, distância, extensão, densidade, conexão, delimitação, escala no estudo dos territórios e das paisagens. Já de algum tempo esses princípios foram abandonados. Por isso, antes tínhamos uma geografia com forma e sem conteúdo. Hoje temos uma geografia com conteúdo e sem forma.

Aquilo que instrumenta teoricamente uma ciência em suas representações é o arcabouço lógico-metodológico que ela emprega. E o arcabouço da geografia são esses princípios lógicos abandonados. O resgate crítico desse passado faz-se hoje necessário.

Trata-se, antes de tudo, de irmos aos ambientes que formam o mundo vivo da geografia. E a escola sem dúvida é um deles. É na escola que os princípios têm sido mantidos e praticados, ainda que de uma forma capenga. E o retorno crítico a ela tem o sentido hermenêutico de uma redescoberta ao tempo que de atualização dos princípios, categorias e conceitos da geografia à luz do nosso tempo.

A visão crítica que procuramos clarificar neste texto pode ser assim resumida: 1) os princípios são a base lógica da construção da representação geográfica de mundo; 2) a paisagem é o ponto de partida metodológico, o plano da percepção sensível dos objetos e seu arranjo, que serão lidos e descritos com a ajuda dos princípios; 3) o território vem em seguida, a partir da identificação dos recortes de domínios mapeados no arranjo da localização e distribuição e assim dos sujeitos da paisagem; 4) o espaço é o resultado final, aparecendo na clarificação do conjunto como uma estrutura qualificada de relações, em cuja base está o caráter histórico da relação homem-meio, a sociedade geograficamente organizada.

Balizada nesse esquema teórico-metodológico, nossa ideia de mundo ganha o formato explícito de uma forma de representação – a geográfica – que é das primeiras que se apreende na vida. E que, com o ensino e o conhecimento metódico, vira uma atitude de consciência crítica dos homens e das mulheres em sua busca de uma nova forma de sociedade.

À diferença do samba, isso se pode aprender na escola.

Nota

Este texto é uma reelaboração de *Conceitos, categorias e princípios lógicos para a reformulação da geografia que se ensina*, publicado originalmente nos Anais do I Encontro Nacional de Ensino de Geografia, promovido pela AGB e realizado na UnB em 1987.

DIÁLOGO COM OS HUMANOS E OS FÍSICOS: POR UM MUNDO EXPERIMENTADO POR INTEIRO

Tem havido entre os geógrafos uma preocupação mais com a unidade da ciência geográfica que com o diálogo que esta unidade supõe. Penso que o tema da unidade extrai seu sentido justamente do diálogo, uma vez que não se trata de dissolver-se num magma comum o que cada geógrafo desenvolve de atividade especializada, em nome de uma formação generalista sem possibilidade concreta de ação.

Até porque o tema da unidade define-se, assim o entendemos, pela categoria teórica que cada geógrafo em seu campo de fenômeno utilize em comum com os demais, de forma que a unidade da geografia se faça em torno e por meio dela.

Este texto visa contribuir para esse diálogo. Se der em pontos unitários e comuns, melhor ainda.

O que temos em comum

> A ideia que domina todo o progresso da Geografia é a da unidade terrestre, a concepção da Terra como um todo, cujas partes estão coordenadas e no qual os fenômenos se encadeiam e obedecem às leis gerais de que derivam os casos particulares. (La Blache, 1954: 30)

Tendo cada vez mais a entender que se o que chamamos de geografia física e de geografia humana tem alguma coisa em comum, o laço comum é o conceito (conceito empírico de Kant) da superfície terrestre. Isso significa dizer que quando a geografia física vai analisar os fenômenos com que lida, chamados físicos, e a geografia humana os seus, chamados humanos, ao aglutiná-los ao redor de um eixo estruturante, de modo a tirar os fenômenos do estado de um amontoado como aparecem no plano sensório, tomam, como é próprio do procedimento de toda ciência, por esse nexo a superfície terrestre. Isto supõe a clareza da relação entre superfície terrestre e espaço. E clareza antes de tudo do problema do conceito. Ora, desde os debates que se instalam no mundo do pensamento ao redor dos anos 1970 e daí se intensificam até atingir seu auge nos anos 1990, isso leva direto ao tema do paradigma de ciência com que desde o Renascimento se trabalha em todos os campos.

O tema do paradigma

> Em resumo, o que as ciências físicas chamam de mundo não é o objeto total da experiência humana, mas apenas aqueles aspectos desta experiência que se prestam em si mesmos para uma observação precisa dos fatos e para afirmações generalizadas [...] O ato de fixar a atenção num sistema mecânico foi o primeiro passo para a criação de um sistema: uma vitória importante para o pensamento racional. Ao centrar esforços no não histórico e no não orgânico, as ciências físicas clarificaram todo o procedimento da análise. Pois o terreno ao qual limitaram sua ação era aquele no qual o método podia ser levado adiante sem que de modo palpável parecesse demasiadamente inadequado ou pudesse encontrar demasiadas dificuldades especiais. Porém o verdadeiro mundo físico não era ainda simples o bastante com respeito a esse método científico em suas primeiras fases de desenvolvimento. Era necessário reduzi-lo a elementos tais que pudesse ser ordenado em termos de espaço, tempo, massa, movimento e quantidade. (Mumford, 1992: 61)

Clarifiquemos primeiro o problema geral do conceito. O geógrafo operou, e opera ainda agora, com um conceito externo e matemático de espaço, tempo, homem e natureza que são filhos diretos da física mecânica criada entre os séculos XIII e XVII. O que significa que todos foram criados a partir de um mesmo ponto que é o conceito do tempo mecânico.

O tempo mecânico é a chave da compreensão das nossas estruturas de pensamento. Do conceito criado de tempo partiu-se para o de espaço, e uma vez formulados esses dois conceitos, criou-se os de natureza e de homem. Tal como na metáfora bíblica da criação do mundo, das trevas fez-se a luz e o homem foi o último ato.

Primeiro atrela-se o tempo a uma sequência de unidades de intervalos exatos e cíclicos em sua repetição, formando-se a ideia de uma arquitetura de um tempo arrumado em termos de uma sucessão matemática exata (sai daí a noção moderna de matemática como uma ciência exata). A seguir, toma-se esse padrão de repetição como um valor universal, todos os pontos da superfície terrestre, na verdade do Universo, obedecendo a essa mesma pulsação. Cria-se, assim, um modelo abstrato de tempo, que é tomado como real, natural e geral.

Feito isso, cria-se, então, o conceito de espaço que conhecemos: o espaço como intervalo de tempo, limitado simplesmente a ser uma combinação de extensão e distância. A seguir, sistematiza-se o atrelamento do espaço ao tempo, completando-se a ideia da arquitetura de um tempo arrumado em termos de espaço geométrico, o tempo sendo entendido como o tempo do movimento dos corpos em seu esforço de vencer a distância do espaço no mais curto espaço de tempo possível, e o espaço como sendo esse suporte geométrico criador de constrangimentos ao movimento dos corpos no tempo.

Essa arquitetura de um tempo-distância é, assim, emprestada aos corpos da natureza, surgindo um conceito igualmente físico e matemático de natureza, a natureza virando o conjunto dos corpos que se movem no espaço num dado período de tempo. Excluído desses parâmetros, como não pertencendo à natureza, surge o conceito moderno de homem, que em outro texto designei de homem atópico.

A física newtoniana é a consagração dessa concepção de mundo como o reino dos fenômenos regidos pela lei geral da gravidade. E daí se generaliza como padrão para o sistema das ciências, chamadas naturais, até que na virada do século XIX para o XX segue para a abrangência do homem, nascendo sob esse prisma as ciências humanas (Moreira, 1994).

O arcabouço espaço-temporal assim formado será um fundo comum às ciências da natureza e às ciências do homem (desde o começo do século XX irreversivelmente dicotomizadas), dissociando-se em todas elas o arcabouço e os fenômenos, os fenômenos sendo vistos como a coisa real que se encaixa em termos de sucessão e de contiguidade na arquitetura do arcabouço, e o arcabouço sendo visto como um mero plano de alojamento dos fenômenos na datação do tempo e nas coordenadas do espaço. Tudo atravessado por uma noção de que a lei, tal qual os fenômenos, acontece nas coordenadas do tempo e do espaço, não sendo temporal ou espacial, mas matemática, física, química, biológica, sociológica, antropológica ou econômica. O problema da natureza da lei é deixado para a filósofo da ciência, a quem vai caber decidir se são elas comuns tanto a fenômenos naturais como a fenômenos humanos, na linha do positivismo, ou se distintas em legalidades para cada campo (as leis que se aplicam aos fenômenos naturais aplicam-se apenas aos fenômenos naturais e as que se aplicam aos fenômenos humanos apenas se aplicam a esse elenco de fenômenos), na linha do neokantismo.

Portanto, não há leis geográficas. A geografia se enquadra nesta ou naquela linha de entendimento de legalidade. Um problema que o geógrafo, seja o físico, seja o humano, se declara desinteressado de enfrentar, bastando-lhe o problema de já ter de pensar todos os fenômenos no encaixe da arquitetura comum do espaço-receptáculo.

Solução de cunho cartográfico, não de legalidade dos fenômenos. Enquadrar o dado no ordenamento do espaço tempo matemático para que o fenômeno não vire um amontoado é uma solução que lhe basta. A explicação pode vir das leis emprestadas das ciências vizinhas. O exemplo é o apelo à região, vista como o elo do encontro e do mútuo ajustamento dos fenômenos físicos e dos fenômenos humanos no espaço; a geografia regional unindo no recorte cartográfico da região os fenômenos da geografia física e da geografia humana. "Uma rima, não uma solução", dirá Drummond. Não sendo as leis espaciais, apenas acontecem no espaço, o espaço apenas ajuda a alojar os grupos de fenômenos no quadro da descrição empírica do mundo, sejam eles físicos ou humanos. Chame-se ele região ou tenha qualquer nome. Ou simplesmente espaço.

Todo esse sistema de ideias começa a desmoronar quando a própria física clássica descobre a segunda lei da termodinâmica (e a lei da entropia), dando num início de reformulação de paradigmas que vai ter ainda que incorporar a lei da relatividade e depois a ausência de leis no mundo quântico. Todas essas mudanças alteram a concepção moderna de tempo, de espaço, de natureza e de homem, dando origem a um novo ciclo de criação dos conceitos (de natureza e do homem, e assim, da arquitetura do espaço-tempo).

Kant e o problema da superfície terrestre

> Além disso, o conhecimento empírico pode ser classificado de duas formas: de acordo com um conceito (*Begriff*) ou com a distribuição no tempo e no espaço. A classificação relativa ao conceito é um sistema da natureza (*Systema Naturae*), como a de Linneus; a que se relaciona com o tempo e o espaço é uma classificação física e fornece-nos uma descrição geográfica da natureza.
>
> Classificar o gado colocando-o em primeiro lugar entre os quadrúpedes, e na subclassificação desse grupo em geral os cascos fendidos, é fazer uma classificação de acordo com o sistema que se tem em mente; é uma classificação lógica, um *Systema Naturae*. "O *Systema Naturae* é, além disso, um registro do todo onde coloco todas as coisas, cada uma em sua classe adequada, embora, na terra, elas sejam encontradas em lugares diferentes, amplamente separadas".
>
> Em contraposição a este método de classificação racional, encontra-se a classificação física, a descrição geográfica da natureza, que considera as coisas de acordo com o local de sua ocorrência da terra. Assim, o crocodilo e o lagarto que são, basicamente, o mesmo animal, distinguindo-se apenas pelo tamanho, seriam classificados juntos, de acordo com o Sistema da Natureza. No entanto, são encontrados em partes do universo bem diferentes, o crocodilo, no Nilo, o lagarto, na terra, e sobre grande expansão de latitude. Em uma classificação geográfica, essa diferença seria reconhecida, porque "acima de tudo, considera-se aqui o aspecto da natureza, a própria terra, e as regiões onde as coisas são efetivamente encontradas", e não como no sistema da natureza, a semelhança da forma.
> (Tatham, 1959: 206)

Até Kant, a geografia trabalha com a noção de superfície terrestre. Com ele e a partir dele, superfície terrestre passa a ser espaço. Por isso, na geografia, o percurso da crise do paradigma vai passar ainda pela prestação de contas com as lentes de Immanuel Kant, a fonte originária da geografia moderna (Hartshorne, 1978). Kant cria seu sistema filosófico inspirado na física newtoniana e de olho na geografia (vista como uma ciência natural), que leciona por quarenta anos na Universidade de Köenigsberg, simultaneamente com a antropologia. E junta a tradição do estudo da superfície terrestre com o conceito de espaço newtoniano, lendo aquela por meio deste.

Kant forma esse conceito num contraponto com o sistema de classificação da natureza de Linneus. Linneus opera com um sistema lógico. Kant vai operar com um sistema empírico. E esse sistema vem do transporte do sistema de classificação lógico de Linneus para o real da superfície terrestre que Kant transforma em referência do seu sistema de classificação. Dessa dupla interferência de Kant no entendimento de superfície terrestre da geografia que o antecede – sua leitura a partir do conceito newtoniano de espaço e como sistema de classificação da natureza – vem a ambiguidade atual de ver a superfície terrestre ou ver o espaço (ou a superfície como espaço terrestre) como dilema na geografia. Problema com que têm lidado todas as ciências (a influência de Kant é geral), de que a geografia acabou por ser o melhor exemplo, e que hoje se revela na dificuldade de traduzir-se a relação teoricamente existente entre os conceitos de meio ambiente e espaço.

Creio localizar-se aí a origem da dificuldade que na geografia temos tido de passar do nível da paisagem – um outro nome geográfico para o mosaico empírico da superfície terrestre – para o nível do espaço, visto como abstrato.

As tentativas no caminho

No modo de produção capitalista a terra é mercadoria, mas apenas em sua forma solo. Como o capitalismo tende sempre à universalização, ocorre que a Terra, o Globo, se põe, ante o capitalista como mercadoria. No entanto, o objetivo do capitalista só é produzir a mercadoria enquanto meio de realizar o capital. Para chegar a isso precisa transformar a terra em solo e o possuidor independente da terra em assalariado. Então, a propriedade privada é a forma geográfica de produção e reprodução do capital. A propriedade privada, porém, é espaço produzido como mercadoria pelo trabalho assalariado. Então, o capitalista precisa da força de trabalho do operário para produzi-la. O capitalismo possui uma dimensão espacial que se manifesta como espaço geoeconômico – espaço de produção (agrícola, pecuário, extrativo, industrial), de troca (comercial), de circulação (vias de tráfego) e de consumo (urbano, de serviços). Como a produção e reprodução do capital dependem da reunião dos assalariados, da organização dos meios de trabalho em um só lugar, assim como dos objetos de trabalho, o espaço geoeconômico do capitalismo é um espaço concentrado. É concentrado no campo e é concentrado na cidade. Contudo, a produção no campo depende da extensão do solo, qualquer que seja a intensidade de obtenção do excedente. Ao passo que a produção urbana é mais concentrada porque a natureza da realização do capital permite a reunião de recursos num espaço reduzido. Esses requisitos básicos de organização do espaço são estendidos à troca e ao consumo. Todavia, o espaço da circulação depende da distância entre a produção e o consumo, como lugar de produção e lugar de consumo. O mercado, no capitalismo, expressa-se, então, como o conjunto dos lugares de produção, troca, circulação e consumo, ou seja, a realização do espaço geoeconômico, que consiste na efetivação simultânea do espaço geográfico como espaço econômico deste como daquele. À contínua concentração do capital, que decorre da concorrência – que é condição de existência do modo de produção capitalista, como reprodução simples e reprodução ampliada – corresponde uma contínua concentração do espaço, assim como a sua amplitude. O espaço do capitalismo se concentra quando aumenta e aumenta quando se concentra. Por isso, tende a um universo concentrado. No entanto, essa concentração é desigual, porque ela é uma decorrência da ação individual e grupal dos capitalistas que, além disso, defrontam-se com uma desigual existência e distribuição espacial dos recursos naturais e sociais. (Silva, 1991: 133)

O fato é que a crise dos paradigmas serviu de alerta para a geografia e desde então o debate das alternativas nos tem perseguido em nossas reflexões em todos os fóruns em que nos temos reunido, da sala de aula aos laboratórios de pesquisa e aos congressos de geografia. E também é fato que perseguidos pelo fantasma de Kant temos navegado num campo diverso de ideias que vai desde uma economia política do espaço (forma discursiva geral como materializou-se no Brasil a renovação da geografia) a uma ecologia política (esta sem o viés explícito do olhar do espaço), com várias situações que entenderia por intermediárias.

Até antes do anos 1970, correm paralelos na geografia o enfoque regional e o enfoque tópico, dito de geografia sistemática. Entende-se que a região, um recorte do espaço, resolve o problema teórico, seja da geografia física, seja da geografia humana e bem ainda o da dicotomia entre a geografia física e a geografia humana.

A região seria o conceito pelo qual os conhecimentos setoriais da geografia sistemática – é fragmentária tanto a geografia física quanto a geografia humana – encontrariam seu agregado, geógrafos físicos e geógrafos humanos aí estabelecendo seu diálogo.

Em princípio, a explicação regional viria como um resgate da tradição holista de Humboldt e Ritter – talvez a primeira reação ao modelo kantiano ocorrida ainda nos albores da geografia moderna, dada a inspiração desses geógrafos em Schelling e sua filosofia da natureza –, então abandonada. No entanto, a tarefa da geografia para Ritter é explicar a superfície terrestre a partir dos seus recortes, por meio do método comparativo e do que chamava individualidade regional. A comparação de diferentes recortes de área da superfície terrestre, demarcada por suas respectivas paisagens, leva o dado empírico ao nível abstrato do discurso genérico, a superfície terrestre se transfigurando num mosaico de áreas integradas num plano de escala. Do retorno desse nível de volta a cada recorte real, surge a leitura teórica de cada recorte empírico, cada qual concebido agora no conceito da individualidade regional, porém individualidade diferenciadora da superfície terrestre. A tarefa para Humboldt, que vai buscar em Ritter o método geográfico por este usado, é também explicar a superfície terrestre, mas por intermédio da interação entre as esferas do inorgânico, do orgânico e do humano, realizada pela esfera do orgânico numa costura que transforma o mundo do inorgânico sem vida no mundo vivo do orgânico e deste no humano. Ritter e Humboldt são holistas.

Nos começos do século XX, a teoria e o método de Ritter e Humboldt são retraduzidos por Hettner e La Blache. Com La Blache surge a região como o conceito-chave do nexo estruturante do geógrafo. Com Hettner ressurge a superfície terrestre, traduzida como uma diferenciação de áreas. Há aí uma grande diferença que fica obscurecida. A teoria de Hettner tem pouco trânsito diante da preponderância que é dada à teoria de La Blache.

Assim, a superfície terrestre em pouco tempo será esquecida como tema da geografia. E vinga como nexo estruturante o propósito comum de ver na região – uma fração singular de espaço – a unidade dos fenômenos físicos e humanos na superfície terrestre, a geografia física e a geografia humana procurando encontrar-se no plano da síntese regional.

Na década de 1970, parte em decorrência da globalização e parte em decorrência da crise socioambiental que também se globaliza, volta a aparecer a preocupação teórico-conceitual com a superfície terrestre. A geografia vai conhecer, então, as formulações da economia política do espaço e da ecologia política, e cogita-se nova alternativa unitária em face da substituição do recorte regional pelo discurso das redes. Porém, superfície terrestre e espaço continuam mentalmente separados, embora se entrecruzando na economia política do espaço e na ecologia política frente ao problema ambiental.

Espaço e superfície terrestre

> Se a Geografia deve desempenhar papel pleno no estudo dos problemas ambientais, é importante que seja dada mais ênfase à biosfera, que constitui base de recursos vitais para o homem e que tem sido transformada mais amplamente pelas atividades humanas do que pela maioria dos outros elementos do meio ambiente. (Hill, apud Gregory, 1992: 191)

Visto a essa distância do tempo, vale indagar-se por que motivos a renovação dos nexos estruturantes e do viés do diálogo proposto veio na forma predominante dessas duas vertentes (junto à permanência da geografia física e geografia ainda assim designadas e fragmentárias). E por que a superfície terrestre como tema unitário da tradição geográfica – tal como Hill reitera, no trecho transcrito por Gregory – ficou do lado de fora mesmo na vertente da ecologia política, numa impressão de que ao lado de sua supressão pelo conceito de espaço a superfície terrestre foi agora suprimida pelo conceito de meio ambiente.

Humboldt e Ritter, particularmente o primeiro, haviam encontrado uma boa equação para a ligação entre os atuais conceitos de espaço e de meio ambiente, tudo vendo na perspectiva da superfície terrestre como o objeto de estudo da geografia. Isso porque a superfície terrestre embute homem e natureza, necessariamente, ao tempo que abre para a sua visibilidade teórica no conceito de espaço. A fragmentação da geografia numa pluralidade de geografias sistemáticas após sua morte (ambos morrem no ano de 1859), bloqueou o curso dessa solução bem bolada.

Afinal, foi a essa conclusão, sem o compromisso com o enfoque espacial de Humboldt e Ritter, que chegou Haeckel, em 1886, com a sua visão ecológica, numa evidente reação ao processo da fragmentação, que corria já a olhos vistos em sua época, e numa clara opção pela concepção geográfica de superfície terrestre de Humboldt (cuja herança por isso mesmo é reclamada por toda a concepção ecológica do ambientalismo moderno).

A superfície terrestre como unidade holista

> Deve ser lembrado, entretanto, que a crosta inorgânica da superfície terrestre contém, dentro de si os mesmos elementos que entram na estrutura dos órgãos animal e vegetal. Por conseguinte, a cosmografia física seria incompleta se omitisse considerações dessa importância, e das substâncias que entram nas combinações fluidas dos tecidos orgânicos, sob condições que, em virtude de ignorarmos a sua natureza real, designamos pelo termo vago de "forças vitais", grupando-as dentro de vários sistemas, de acordo com analogias mais ou menos perfeitamente concebidas. A natural tendência do espírito humano, involuntariamente nos impele a seguir os fenômenos físicos da Terra através de toda a variedade de sua fases, até atingirmos a fase final da evolução morfológica das formas vegetais, e os poderes conscientes do movimento nos organismos animais. Assim, é por tais elos que a geografia dos seres orgânicos – plantas e animais – se liga com os esboços dos fenômenos inorgânicos de nosso globo terrestre. (Humboldt, apud Tatham, 1959: 216)

Humboldt enfocava as relações entre a totalidade dos fenômenos na superfície da Terra a partir do ponto de vista da síntese da vida. Para ele, o inorgânico encontra-se transfigurado no orgânico e este no humano, dado o fato de a interação entre essas três esferas ser realizada pela mediação da esfera orgânica.

Se atentarmos para o fato de que nessa transfiguração do inorgânico em flora pelo processo da fotossíntese e da flora em fauna (circuito no qual entra cada especialidade da velha geografia física) e de toda a esfera do orgânico se transformando por sua vez na existência humana pela ação socioeconômica do trabalho do homem (circuito em que entram todas as especialidades da velha geografia humana) participam todos os "pedaços" da geografia, fica-se espantado com nosso absoluto desconhecimento da obra de Humboldt. E ao mesmo tempo tentado a tomá-lo como referência de uma geografia total reencontrada consigo mesma. E o fazendo no viés do paradigma de espaço-tempo-superfície da Terra, que deixamos de lado. O conceito da síntese vida vindo como elo da unidade.

Assim, bastaria resgatarmos esse modelo, visto agora na escala das duas interfaces – a interface entre o inorgânico geomorfologia-climatologia e o orgânico pedologia-edafologia-biogeografia e por sua vez a interface entre o orgânico pedologia-edafologia-biogeografia e o humano agrário-industrial-urbano – para termos o diálogo que abra os horizontes.

A superfície terrestre como o espaço comum do metabolismo da vida e da geografia

> Vernadsky classificou a vida como uma "dispersão das rochas", porque ele a entendia como um processo químico, que transformava rocha em matéria vida altamente ativa e vice-versa, fragmentando-a e movendo-a de um lado para outro em um processo cíclico infinito. A visão vernadskyana é apresentada neste livro como o conceito de vida na forma de rocha em reajuste, agrupando-se na forma de células, acelerando suas transformações químicas com enzimas, alterando as radiações cósmicas em energia própria, transformando-se em culturas cada vez mais evoluídas e voltando à forma rochosa. Esta visão de matéria viva como uma incessante transformação química da matéria planetária não viva é bastante diferente da visão de vida desenvolvendo-se em um planeta inanimado, adaptando-se a ele [...]. [Enquanto se desenvolvia] a visão vernadskyana de que a vida é um processo geoquímico da terra [...] James Lovelock [...] desconhecendo o trabalho de Vernadsky, chocou o mundo científico quando insinuou que o ambiente geológico não é apenas o produto e resíduo da vida passada, mas também uma criação ativa das criaturas vivas. Organismos vivos, declarou Lovelock, renovam e regulam continuamente o equilíbrio do ar, mares e do solo, de modo a assegurar a continuidade de sua existência. À ideia de que a vida cria e mantém condições ambientais precisas favoráveis à sua permanência, ele deu o nome de hipótese Gaia, por sugestão de seu vizinho em Cornwall, o romancista William Golding. (Sahtouris, 1991: 72)

Por intermédio desse diálogo de interfaces poder-se-ia ter o diálogo das geografias. Cada "geografia sistemática" viraria uma escala na mediação do metabolismo integral. Mediação, pois, não supressão como segmentos da geografia.

É fato que a dialética da vida mobiliza tudo de inorgânico, de orgânico e de humano. Move-se como um processo de múltiplas escalas – atrás reduzida aos seus grandes níveis na relação entre as esferas – e envolve cada uma e todas as formas de fenômenos e campos da geografia que a eles se dedicam. O tema seria o movimento: sabemos que o que agora é material rochoso, mais adiante disponibilizado pelos processos geomorfológicos será sal mineral (segundo a localização e forma propícias de relevo) para que o processo biogeográfico da fotossíntese – o metabolismo natureza-natureza – produza a matéria viva, que o trabalho – o metabolismo homem-meio – irá transformar em vida social, até que, mais à frente, devolvido como resíduo – o metabolismo homem-homem –, a matéria viva se remineraliza, rearfirmando tudo em rocha, para que da morte renasça a vida num ciclo abiótico-biótico, que no fundo é o novo nome de batismo para a geografia holista de Humboldt, de eterno retorno. Aqui se apresentam todas as geografias sistemáticas.

A escala geográfica: o olhar espacial que dialoga e faz a diferença

> É preciso não se contentar em examinar um território para organizá-lo. Torna-se necessário verificar se há laços de interdependência dele com as regiões vizinhas e quando tais laços existem analisar sua natureza. Isso é indispensável para apreciar os efeitos "externos" que essa organização ou remanejamento pode exercer e preconizar as medidas que tenham por objeto limitá-los, se são nefastos, ou deles tirar partido, em caso contrário. Em uma palavra, é necessário integrar num conjunto mais amplo o perímetro a organizar. (Tricart, 1997: 75)

> As técnicas, de um lado, nos dão a possibilidade de empiricização do tempo e, de outro, a possibilidade de uma qualificação precisa da materialidade sobre a qual as sociedades humanas trabalham. Então, essa empiricização pode ser uma base de sistematização, solidária com as características de cada época. Ao longo da história, as técnicas se dão como sistemas, diferentemente caracterizados. Os sistemas técnicos criados recentemente se tornaram mundiais, mesmo que sua distribuição geográfica seja, como antes, irregular e o seu uso social seja, como antes, hierárquico. Mas, pela primeira vez na história do homem, nos defrontamos com um único sistema técnico, presente no Leste e no Oeste, no Norte e no Sul, superpondo-se aos sistemas técnicos precedentes, como um sistema hegemônico, utilizado pelos atores hegemônicos da economia, da cultura, da política (Santos, 1990). Esse é um dado essencial do processo da globalização, processo que não seria possível se essa unicidade não houvesse. (Santos, 1994: 33)

Entra justamente nesse ponto o tema do espaço. O foco do olhar que identifica, personaliza, interliga, assemelha e diferencia a superfície terrestre como tema e condição de ser profissional do geógrafo.

Isso significa dizer que há que encarar cada fenômeno, seja ele físico ou humano, se podemos assim continuar a vê-los, dentro do todo holístico que é a superfície terrestre enquanto um todo diferenciado em/pela escala do espaço.

Especialista de cada nível dessa escala, o geógrafo de cada campo, tomado como nível da mediação holística, aí realizaria o seu diálogo. Creio vir em apoio disso o conceito de espacialidade diferencial de Lacoste (1988). Vejo-o como o conceito do todo holista que se diferencia justamente pelos níveis acadêmicos e se une como espaço.

O relevo, por comparação ao clima, este por comparação à flora, esta por comparação aos solos, e assim os solos por comparação à lavoura, esta por comparação à indústria, e assim cada nível de relação até completar o todo o tecido espacial, são cada qual nada menos que a diversidade dos conjuntos espaciais que formam o plano multíplice da espacialidade diferencial. E a espacialidade diferencial – reunião de todo esse plano de múltiplos conjuntos espaciais – é onde os campos de geografia se integram ante o holismo multiplamente diferenciado da superfície terrestre.

De certo modo, isso significa resgatar toda a tradição da geografia como estudo da relação homem-meio, vista agora não mais como embutida numa arquitetura de tempo-espaço matemático-mecânico, em que até hoje teoricamente foi posta, mas na arquitetura holista da espacialidade diferencial, cujo resultado mais claro é fazer do espaço um tecido formado pelo complexo de todas as relações que intervêm na transformação da superfície terrestre como o verdadeiro espaço da sociedade humana.

Ao contemplar a possibilidade de ver e praticar o mundo nesse enfoque holista-diferenciado do espaço, o próprio geógrafo estaria chamando a sociedade como um todo para esse diálogo.

Provavelmente falte, mesmo a nós próprios, a visão holista e diferenciada que estaríamos a oferecer. E que certamente nos tem impedido de superar o ardil de uma epistemologia que dificulta oferecermos a geografia como uma forma de "consciência espacial" (o espaço como condição da existência humana) para uma sociedade em sua luta contra o mundo injusto, desigual e desintegrado desta virada de século. Uma briga, a meu ver, muito mais interessante.

Nota

Texto apresentado no Simpósio Teoria e Método em Geografia Física, no 5º Congresso Brasileiro de Geógrafos, realizado pela Associação dos Geógrafos Brasileiros (AGB), no campus da UFPR, Curitiba, em julho de 1994, reescrito e atualizado para o fim desta publicação.

ONTOLOGIA

O MAL-ESTAR ESPACIAL NO FIM DO SÉCULO XX

Parodiando Freud em seu estudo sobre o mundo do entreguerras (Freud, 1997), o final do século XX também tem o seu mal-estar geográfico, um mal-estar determinado pelo modo de ser-estar-espacial criado como cultura no Ocidente, onde o homem está, mas não é espaço. Tal mal-estar é uma mistura de desenraizamento e manipulação do imaginário que hoje se põem em evidência na forma das guerras de destruição, violência generalizada e perdas de referência humana.

Há uma relação entre espaço e existência que se tornou premente clarificar. Mas dar conta desse problema ontológico significa dar conta de outro no qual a geografia está presa como seu grande dilema: sendo uma forma de olhar o homem no mundo pela via do espaço, como olhar o mundo como mundo do homem se o espaço é dele um dado organicamente apartado? Esse duplo impasse e seus modos de manifestação é o tema deste texto.

A tradição dual e o olhar geográfico

Quando inaugura a modernidade separando o mundo em *res cogitans* e *res extensa,* concebendo que tudo no mundo é espacial, exceto o eu, Descartes instaura uma ontologia que fundamentalmente se apoia na dicotomia entre espaço e homem. Quando, porém, logo a seguir, essa geometrização do mundo ganha foro de verdade geral por meio da física newtoniana, na qual os entes corpóreos distinguem-se entre corpos físicos, sem vida, e corpos vivos, então sinônimo de corpo humano, e da filosofia crítica de Kant, em que o espaço é um *a priori*, a possibilidade de qualquer ontologia, mesmo a cartesiana, fica assim bloqueada, mercê do limitado conceito de existência que desse modo é introduzido no pensamento moderno.

Desde então, ente e ser não mais se encontraram. Em primeiro lugar porque para esse pensamento nenhum corpo é espacial, está no espaço. Em segundo, porque só o ente homem é existência. Segue que nenhuma estrutura é integrada, cabendo à razão, via o conceito, a tarefa de fazê-lo.

Então, corpo e eu como reais separados, desdobrados na separação entre espírito e matéria, mente e corpo, homem e natureza tornam-se filosofia consolidada, legitimando a relação entre sujeito e objeto – o eu e o espaço – distintos, que o *cogito* cartesiano institui como ideia de relação homem e mundo em termos de espaço. E por força desse entendimento consolida-se como real uma relação de recíproca externalidade em que o espaço é externo ao homem e o homem é externo ao espaço e apenas nele ocupa um lugar, que a física newtoniana vai instituir como relação de continente e conteúdo com seus conceitos de espaço absoluto e espaço relativo e que hoje está na base de toda visão da geografia.

Não se trata de um ato neutro, todavia. Na verdade, estamos diante do pacto que, em nome da transição ao capitalismo, religião e a ciência entre si estabelecem no período do Renascimento, mediante o qual o mundo físico cabe à ciência e o mundo metafísico à religião, o conhecimento dos entes corpóreos ficando para a ciência e o do homem para a filosofia.

A gênese da existência espacial moderna

Mas esse pacto, que só foi possível porque corpo e homem já vinham vindo separados desde a Antiguidade, reforça-se no longo correr da Idade Média cristã e nesses termos chega ao Renascimento.

E de certo modo, essa é nossa hipótese, ao tempo que a introduz e lhe dá uma fachada de modernidade, a filosofia cartesiana busca junto a finalidades mais modernistas ocultar essa separação histórica por intermédio de sua concepção de espaço.

Três "leis" geográficas estão na origem dessa "diferença ontológica", como a batiza Heidegger (1988), criando-a e recriando-a sob novas formas no tempo: a desnaturização, a desterreação e a desterritorialização. Ordens de acontecimentos que vão construindo a forma espacial real e concreta de ser estar do homem no mundo atual como um homem alienado do espaço e por isso de si mesmo.

A desnaturização

A desnaturização é a quebra do elo do homem com a natureza que se instaura através do mito bíblico da expulsão do paraíso e que ganha foro de filosofia desde o seu nascimento na Antiguidade.

Extraído do convívio do espaço da natureza, o homem é então esvaziado de suas propriedades ontológicas mais profundas, caindo ora no empirismo da visão prática do senso comum, ora na mística do para além da natureza da qual deixou mentalmente de ser parte.

A desnaturização remonta, pois, à cultura judaico-cristã. Relaciona-se ao nascimento e à consolidação do monoteísmo. E, assim, à constituição da individualidade, e que no cristianismo tem por veículo o carisma. Ao pôr o homem em contato direto com a divindade através do espírito, a religião monoteísta deslocou a sua relação de mundo do corpo para a interioridade, pondo as bases do rompimento natural.

O nascimento do cristianismo materializa essa exclusão do corpo. Até o seu advento, é o corpo que mantém o elo do homem com a natureza. São as necessidades do corpo que lembram ao homem sua condição natural e é o uso do corpo em sua relação com a natureza que dá conta de resolver essas necessidades. "Comerás o pão do suor do teu rosto", diz o preceito bíblico. O cristianismo mantém o corpo relacionado à contemplação das necessidades, mas apresenta o mundo do corpo e do trabalho como "um vale de lágrimas" (Luxemburgo, 1986). O mundo real é o dos céus, ao qual se chega pela alma. E a oração é o alimento que estabelece o elo do homem com o céu, pavimentando o caminho para o retorno ao paraíso perdido, a relação de espírito e não de corpo sendo a ligação do mundo mundano com o mundo divino. E a espiritualidade não é espacial.

Mas o caminho cristão da desnaturização é a separação entre a música e a dança. Uma retrospectiva do nascimento da música cristã nos ajuda a visualizar o que foi dito (Andrade, 1977). A música pré-cristã é um ritual de corpo, no qual não se separam, antes se confundem, música e dança. É uma música de percussão, por isso sensória e sensual, portanto corpórea, e marcada pela alegria e pela ritmicidade da dança que põem os homens em comunhão por intermédio do corpo. A música cristã, ao contrário, é um rito de enlevação interior, destinada a pôr em contato e diálogo o eu e o divino. É uma música de sopro e corda, melodiosa e ritualizada no coro, longe do ritmo e da alegria da percussão. Portanto, sem a relação com o corpo e a expressão corpórea. É uma música separada da dança, música e dança separadas, assim separando alma e corpo, em que a dança desaparece, ficando apenas a música. É a exclusão cristã do corpo que de um lado corrobora toda a separação edênica do homem e da natureza da cultura judaica e de outro aponta o espírito puro como a forma e o caminho do retorno.

O capitalismo nasce herdando essa cultura por meio do conceito do trabalho. A versão bíblica da expulsão do paraíso, cujo efeito é o castigo de ter que se relacionar com a natureza através do esforço do trabalho, valoriza ao tempo que conceitualiza o trabalho como sacrifício.

Daí que a desnaturização moderna, ao contrário da antiga e medieval, centra sua referência de mundo no corpo, ao invés de excluí-lo. Mas agora separando os corpos em dois tipos: há o corpo inerte e há o corpo vivo. E só o corpo físico faz parte da natureza. É o que legisla Galileu Galilei, antes de Isaac Newton, a decisão vindo do surgimento da física, que reduz a natureza a um conjunto de corpos físicos em movimento. A natureza é o corpo que segue leis de cunho físico-matemático, que então Galilei chama de elementos primários, distintos dos elementos secundários, atribuídos ao homem, e o homem está fora dela. Vai ser preciso esperar por Charles Darwin para o corpo vivo ser considerado natureza (Moreira, 1993). E levar-se-á muito mais tempo ainda para que o corpo do homem retorne à natureza. Uma tentativa que já se inicia no século XIX com a filosofia da natureza de Schelling, de onde Ritter e Humboldt irão tirar sua visão holista de geografia, e paulatinamente ganha a empiricidade do ambientalismo com Haeckel e seus seguidores. Mas que não vinga ainda. Até porque o nascimento das ciências humanas no começo do século XIX amplia a multiplicidade dos corpos. Com elas o homem se torna tema de investigação empírica, mas o corpo do homem se institucionaliza como social de uma parte e como natural de uma outra.

A desterreação

A desterreação vem a seguir. A desterreação é o movimento histórico que expropria e expulsa o campesinato da sua relação orgânica com a terra. E que radicaliza a descorporeidade instituída pela desnaturização ao cortar o último elo que o homem mantinha com a natureza.

Se a desnaturização tem um cunho cosmológico, a desterreação tem um cunho terrestre. A primeira institui a religião e a filosofia. A segunda, o nascimento da economia política. Ela é a violência da quebra da ligação com a terra, a expropriação que retira do homem sua fonte de vida e o lança na condição de dependente do mercado como uma peça trocável.

No seu sentido mais amplo, a desterreação é, portanto, o processo mediante o qual o homem é retirado do seu ambiente-terra, através da expropriação e expulsão da sua ligação com a propriedade fundiária, para ser lançado para fora do seu *habitat* histórico. É um acontecimento concomitante à desnaturização introduzida pelo pacto da ciência e da religião que institui a modernidade, mas no agravante telúrico que dissocia por completo o homem dos nichos naturais da superfície terrestre.

É, por isso, um processo de ruptura corpo-natureza ainda mais radical. Marx a designa de acumulação primitiva do capital (Marx, 1985). E Deleuze e Guattari de desterritorialização, nome com o qual interpretam a acumulação primitiva do capital de Marx e a declaram a origem da esquizofrenia moderna, com isso querendo descrever o sentido ontológico de desenraizamento radical que ela significa (Deleuze e Guattari, 1976).

A desterritorialização

A desterritorialização, por fim, fecha o ciclo. A desterritorialização é a quebra definitiva da relação de corpo que o homem mantinha com o chão e o cosmos, levando a níveis ainda mais profundos a alienação corpórea trazida pela desnaturalização e o desenraizamento trazido pela desterreação, quebrando literalmente a relação identitária que mantinha o homem como habitante da superfície terrestre através do seu lugar de morada, tornando-o um migrante permanente.

A rigor, a desterritorialização combina uma sequência de movimentos por meio dos quais ela institui e é instituída como desenraizamento locacional, num ato que Raffestin designa por tederrelização, a TDR, significando a sequência em que o corpo se territorializa, para depois se desterritorializar e em seguida reterritorializar-se, num movimento cíclico contínuo (Raffestin, 1993).

Mas podemos ver sua instituição e movimentos sequenciando-se no tempo. Pode-se ver a desterritorialização acontecendo na história na violência da desterreação do campesinato, com a qual começa (daí entenderem-na assim Deleuze e Guattari), em que este, expropriado, é expulso da terra que ocupava como proprietário ou posseiro, indo entrar num estado de perambulação pelos campos e cidades. A expropriação-expulsão é o episódio mais conhecido da acumulação primitiva e ele se relaciona à transformação da terra de bem imóvel em um bem móvel, a terra virando mercadoria e capital e o camponês-homem uma mercadoria força de trabalho disponível no mercado, num ato já de mobilidade territorial em começo de generalização. Pode-se ver a reterritorialização no ato de esse campesinato migrar para a cidade e aí vir constituir-se num proletário moderno, territorializando-se de novo na conquista do direito à cidade, analisada por Lefebvre, na forma do emprego estável, da morada fixa e de outros benefícios urbanos daí decorrentes, que enraízam o proletário no chão da cidade e o levam a ganhar novo *status* de cultura – a cultura proletária – de homem de novo territorializado (Lefebvre, 1969a, 1971b e 1976). E pode-se, por fim, ver a desterritorialização a cada vez que esse homem dependente do emprego, do salário e da morada própria, desempregado, é levado no extremo a desfazer-se de tudo que o havia territorializado, migrando do seu novo *habitat* para ir reconstituí-lo em lugares às vezes distantes e onde a cultura territorial vai ter de ser de novo criada. Esse é o quadro que hoje vai virando permanente, mercê de uma globalização que submete o trabalho a um mercado mundializado, mais rapinante e exigente, precarizando-o e fazendo do trabalhador um migrante quase permanente entre os lugares de sobrevivência e de emprego.

Metafísica e externalidade na relação entre homem e espaço

O resultado é uma desespacialização crescente e radical do homem na medida em que avança a ação dessas três leis geográficas no tempo, ao fim do qual o homem se desintegra, descolado de todas as referências reais de pertencimento (Harvey, 1992; e Jameson, 1997a).

A desnaturização, a desterreação e a desterritorialização desespacializam o homem, um processo aprofundando o outro, mas com fundo de origem na própria cultura e economia política com que nasce o Ocidente desde a raiz judaico-cristã na Antiguidade. Da desnaturização à desterritorialização o espaço vai sendo descolado de suas constituintes empíricas (a natureza, a terra e o lugar) para assim ser transformado num dado abstrato.

A desnaturização é o fundamento desse conceito abstrato-geral de espaço. Primeiro, desnaturiza-se o homem. A seguir, desnaturiza-se a própria natureza. Não por acaso os físicos vão corroborar a desnaturização da natureza no ato de separar os corpos em físicos e não físicos, dando início à fragmentação conceitual do corpo que multiplica suas formas numa diversidade de tipos, até que a positivização do conhecimento os aglutina em físicos, orgânicos e humanos. Então, desnaturalizados, desespacializa-se o homem e desespacializa-se a natureza. Nesse passo, desespaciali-zam-se todos os entes. A partir daí, todos os entes corpóreos, humanos e não humanos estão no espaço. Não são espaço. O espaço se torna uma externalidade radical.

O cartesianismo é o ato de institucionalizar esse conceito. O espaço é um já dado, um estar aí onde as coisas vão se alojar. O mundo é um grande modelo geométrico, a extensão. E a física newtoniana é o seu veículo de materialização. Distinguem-se o espaço relativo e o espaço absoluto. O espaço absoluto é o dado primário, a extensão originária onde os entes vão formatar o espaço relativo. O mundo não é espacial, está no espaço. O real é desespacial.

Assim, uma vez feito o mundo do abstrato, pode-se agora povoá-lo. Descartes se realiza por meio de Newton. Que espaço relativo é esse, em que o absoluto vira morada real dos entes? Uma ordem geral da organização do mundo, responderá a filosofia que vem na esteira da tradição cartesiano-newtoniana. O espaço vira, assim, ao lado do tempo, a morada da natureza e do homem. Um ardil da razão, que, após produzi-la, visa agora pôr a metafísica a morar no espaço da superfície terrestre do planeta, modelizando as trocas, o campo e a cidade num só modo universal de existência.

Os homens organizam sua vida empírica no espaço, diz a razão moderna, e o fazem por meio da técnica, o espaço aparecendo como o grande arcabouço pelo qual as relações dos homens se ordenam.

Dois momentos distintos se diferenciam nessa ontologia que a razão está agora instituindo como mundo real do homem. O primeiro relaciona-se ao nascimento da técnica, ocorrido no período que a historiografia moderna concebe como o momento seminal da história. O segundo relaciona-se ao nascimento da técnica moderna, ocorrido no período de constituição da modernidade.

O nascimento da técnica significa a introdução da razão no plano da relação do homem com a natureza. A relação anterior é marcada pelo misterioso, mágico, encantado e são essas as mediações naturais do homem. A descoberta do uso do fogo e o surgimento da agricultura mudam esse cenário. E surge uma forma de relacionamento caracterizada pela presença de uma racionalidade ainda fortemente casada com as mediações mais subjetivas de antes, diante dos limites de ação da própria técnica. A limitada capacidade de transformar elementos do meio em formas de vida, dado o nível limitado da técnica, restringe a relação do homem com o entorno natural ao uso dos materiais mais dúcteis, isto é, matérias-primas de origem vegetal e animal, que leva, por associação, a uma forma característica de relação de identidade homem-natureza. Os homens veem acontecer com as plantas e os animais o mesmo fenômeno de vida e morte que se passa com eles, engendrando um conceito de natureza como coisa viva com a qual eles têm uma relação de pertencimento que origina o seu imaginário global de sociabilidade. A própria metalurgia, dependente da lenha e por isso mesmo praticada fora do âmbito da comunidade, no meio da floresta, é vista como uma atividade especial, o metalurgista sendo visto como um homem dotado de poderes mágicos de conferir vida aos metais. O nível de racionalidade move-se, portanto, dentro dessa técnica agropastoril e da sedentarização que se introduz como modo de vida, e aí dá origem a um conjunto de conceitos, que, com o tempo, se transferem para o próprio conteúdo interno da natureza, dando-lhe foros de imanência. Embora presa a esses limites, a presença da técnica é um dado suficiente para a razão instituir no homem a própria ideia do homem como portador inato da razão e estabelecer na cultura a noção da separação do mito e da razão como duas fases históricas da relação do homem com o mundo, em que a fase da razão liberta-o para um momento mais avançado.

O surgimento da técnica moderna significa a introdução da razão na relação do homem com o mercado. Se na primeira fase a técnica que surge como novidade na história humana é a forma da encarnação da razão, a forma que agora a encarna é a lógica mercantil. E a técnica é seu instrumento de realização. E tal como no começo da história humana, é no interior da relação do homem com a natureza que a intervenção da técnica se institui. Seu modelo: o relógio (Mumford, 1992). A manufatura é o veículo da intervenção. A introdução do sincronismo do trabalho na manufatura, um tipo de indústria já dependente da divisão técnica, significa uma nova forma de cotidiano de tempo-espaço, que logo se torna uma cultura. Todavia, para que o tempo-espaço do relógio funcione como modo de vida, atendendo à exigência do desenvolvimento das trocas, esse sincronismo de tempo-espaço terá de progressivamente generalizar-se: sair do âmbito da manufatura para ir surgir como uma representação geral de mundo válida para a sociedade inteira. Para isso, o relógio se difunde como um artefato comum pelas indústrias, lojas e lares de toda a cidade. Mas também que a ciência, as artes e a cartografia se modelizem nesse paradigma de espaço-tempo e o difundam levando-o para o plano geral da natureza. Para isso, o sistema solar é revolucionado na compreensão dos seus movimentos com a teoria heliocêntrica de Copérnico, mediante a qual a Terra e todos os astros movem-se em movimentos de deslocamentos exatos – diz-se, a partir daí, matemáticos –, cada qual cumprindo seu circuito de rotação e translação em ciclos de intervalos de tempo de absoluta constância de repetição, funcionando como um relógio universal. Então, como se fosse no passo mágico dos metalurgistas antigos, o sistema solar passa a mover-se no mesmo ritmo sincrônico dos ponteiros do relógio. Chegado a esse ponto, do sistema solar ao sistema da manufatura, o mundo inteiro segue um mesmo sincronismo de espaço-tempo. A ciência cumpriu seu papel. É chegada a hora de a arte – em particular a pintura, a escultura e a arquitetura – cumprir o seu. Então, por meio dela o sincronismo é levado para o plano da vida dos homens. Aqui o sincronismo tem a forma da simetria. A forma humana, dos seres vivos e das paisagens terrestres, todas as formas, passam a ser vistas pelo modelo das proporções uniformes. Tudo é simétrico. Tudo é estruturado no padrão da similaridade. O papel central de converter toda essa representação de mundo em um padrão empírico de espaço, todavia, cabe à cartografia. Que não deixa de ser uma forma de arte. Arrumada geometricamente na simetria das horas das linhas imaginárias, das coordenadas e dos fusos horários, por meio dos mapas, a superfície terrestre se torna um mesmo espaço-mundo. Relógio e mapa se encontram nessa mesmidade espacial de superfície terrestre. E por intermédio desse casamento, o espaço está em condições de realizar os desígnios da razão de organizar o mundo pelos princípios universais da metafísica, perseguidos desde os primeiros movimentos de desnaturização entre hebreus e gregos. E o faz na melhor tradição da razão: por meio da técnica moderna (Thompson, 1998, e Mumford, 1992).

Assim, tal como num hegelianismo realizado ao pé da letra, o espaço absoluto de Descartes e Newton dá vida objetiva ao espírito absoluto através do espaço relativo. Isto é, o espaço geográfico.

O modo de produção do capitalismo é o arauto e o beneficiário dessa objetificação dos princípios universais da razão metafísica numa escala de espaço planetária. O princípio da padronização crescente dos espaços no tempo disciplinar do relógio, a uniformização técnica do mundo pela hora padrão do relógio (previamente mundializada através dos fusos horários e da cartografia de Mercator), a sincronização do movimento de homens e produtos entre os lugares empiricizam o tempo em espaço em escala planetária, como foi demonstrado por Santos (1996), tudo dando vida e concretude ao projeto metafísico de naturalizar o capitalismo como um dado universal por cima de todas as culturas e meio ambiente, levando os lugares a se globalizar.

Com a globalização, o homem moderno, enfim, descobre o espaço. Mas a razão tem dificuldade de apresentá-lo como o real dos homens (Moreira, 1997a). Faz-se um contraponto. O homem vê o espaço nos objetos espaciais. Identifica seu cotidiano com eles. Mas não se vê com raiz neles. Vê-se espacializado, mas não se compreende como espaço. Sente uma sensação de falta. Um vazio de pertencimento. Há um mal-estar.

Talvez por esse motivo a descoberta do espaço venha acompanhada de uma certa dose de nostalgia da natureza, da mística da terra-mãe e de uma enorme importância que se empresta ao território. Sem falar na busca do corpo como alternativa e forma de ver-se na relação com o espaço. E na persistente indagação sobre o sentido da técnica e do ser do homem.

Nota

Texto de intervenção no Seminário Interdisciplinar O Mal-Estar no Fim do Século, organizado pela Escola Brasileira de Psicanálise – Bahia/Polo Feira de Santana e Universidade Estadual de Feira de Santana-BA, em maio de 1997, publicado sob o título *Mídia, existência e hegemonia* nos *Anais do Seminário*.

SER-TÕES: O UNIVERSAL NO REGIONALISMO DE GRACILIANO RAMOS, MÁRIO DE ANDRADE E GUIMARÃES ROSA

Este capítulo tem por objetivo dar vida geográfica à literatura do romance (em geral às artes, que trabalham, do mesmo modo que a geografia, com a dimensão espaço-temporal do real), sobretudo por entender que nessa interseção se evidencia com mais clareza o espaço-tempo como modo de ser estar do homem no mundo. Portanto, geograficidade.[1]

Espaço-temporalidade e literatura
(Geografia, História e Letras num trabalho interdisciplinar)[2]

A relação entre geografia, história e letras não só é possível, como de fato existe. E o que embasa essa relação é a categoria do espaço.

Normalmente se diz que para entendermos uma obra precisamos contextualizá-la no tempo. Mas não se fala de inseri-la no contexto do espaço. Habitualmente, o espaço fica abstraído da contextualização de uma obra. E, no entanto, a contextualização no tempo só é possível quando a contextualidade no espaço fica estabelecida. Porque não existe tempo fora do espaço, e espaço fora do tempo, uma vez que o real é o espaço-temporal.

Não há romance que possa falar da problemática humana – e até prova em contrário a problemática humana é o tema tanto da literatura como da história e da geografia – fora da sua contextualidade espaço-temporal.

É, todavia, mais que frequente a referência ao tempo e ao espaço nos romances da literatura brasileira. Sabemos o quanto é espaço-temporal a obra de um Machado de Assis, Lima Barreto, Graciliano Ramos, José Lins do Rego, Jorge Amado, Érico Veríssimo, Guimarães Rosa, cujos personagens veem suas tramas de vida se confundirem com seu espaço e tempo, mesmo quando, a exemplo de *Grande sertão: veredas*, os homens buscam um mergulho na sua interioridade subjetiva para realizar a fuga simbólica das estruturas espaço-temporais que amarram objetivamente suas formas de existência. O peso das determinações espaço-temporais sobre esses personagens e suas tramas de vida é tal que com elas sua existência indissociavelmente se confunde. Pudera, o homem é homem no mundo.

Em Guimarães Rosa, a maneira de retratar seus personagens e tramas é tão indissociável do cenário do sertão de Minas Gerais que sem esse cenário seria inimaginável a prosa roseana. E o que dizer das páginas de Graciliano Ramos ou de Érico Veríssimo, todos inigualáveis retratistas dos sertões brasileiros?

Mas o que é o espaço nas obras desses escritores? O espaço é o cenário?

Duas são as formas como o espaço intervém numa obra de arte, seja um romance, uma escultura ou uma pintura. Quando se diz que é preciso contextualizar um romance no seu espaço-tempo, está se querendo dizer que é preciso que ele seja visto no âmbito da estrutura de sociedade concreta em que se desenrola a trama de vida de seus personagens. Por exemplo, compreender *Dom Casmurro*, de Machado de Assis, é vê-lo no interior da sociedade do Segundo Império, sem o que corremos o risco de apenas ficar no mero plano do psicologismo em que o próprio romancista faz moverem-se seus personagens, incapazes de entender os enredos, os vaivéns e os conflitos que empurram Capitu e Bentinho em seus (des)encontros. Aqui, o espaço é a própria estrutura real da história, o espaço-tempo enquanto relação real, concreta, como na história de Bentinho, materializada no ambiente da vida urbana do Rio de Janeiro do final do século XIX, com seus palacetes, chácaras e burburinhos dos arruamentos. Pode-se, então, comparar as obras de Machado de Assis e Lima Barreto para perceber-se nas diferenças do espaço-tempo dois modos distintos de existência social geradores de dois Rios de Janeiro completamente distintos, o escravocrata do fim do Segundo Império e o burguês da Primeira República. Quando, assim, esses romancistas falam de seus personagens em suas tramas, não fazem senão com a linguagem tomada de empréstimo ao mundo das formas, através dos seus signos espaciais. Num recurso que não dicotomiza o espaço de fora e o espaço de dentro, em uma existência humana dividida num mundo que seria o da objetividade e noutro que seria o da subjetividade. Enfatiza-se, antes, um espaço de expressão do real, o espaço simbólico, o terreno em que, em suas leituras do espaço real, a ciência (no caso, a história e a geografia) e a arte (no caso, a literatura) se aproximam e se separam, se igualam e se diferenciam. Nos deteremos mais nessa segunda formulação do espaço.

Privilegiando a linguagem do espaço simbólico na sua leitura do mundo, a literatura existente normalmente se funde e se separa da ciência existente, conjuga-se com ela na intencionalidade da compreensão do mundo, mas rejeita a tendência desta ao discurso árido. Optando por sua vez pela linguagem do espaço real, a ciência menospreza a do espaço simbólico, acusando-a de subjetivismo. Ponto em que se dissolvem e dissociam como falas sobre o mesmo mundo, a geografia, a história e a literatura que conhecemos correntemente se antepõem diante de uma espacialidade contraditoriamente a um só tempo objetiva-subjetiva, desmanchando a unidade de vida ao separar a objetividade, tomada abusivamente como objeto da ciência, e a subjetividade, esta identificadora da literatura.

E, no entanto, o viver humano é a unidade do simbólico e do real, unidade de um mundo impregnado de imagens e sua pletora de significados. Interpretando o mundo pelo simbólico, a literatura apenas se aproveita do que a ciência menospreza, na insuspeição com que esta despreza precisamente o fato de que a história é uma construção do sujeito homem.

O problema é que tomando de empréstimo ao espaço circundante as armas de sua leitura simbólica, rica de significados subjetivos, a literatura acaba ironicamente por ser uma leitura espaço-temporal do mundo mais eficaz que a da geografia e da história, teoricamente ciências do espaço e do tempo.

Tome-se como exemplo *Vidas secas*, de Graciliano Ramos, um romance com tal plasticidade de fala espacial que mais parece um texto cinematográfico que um texto de romance. Por sinal levado à tela com infinita beleza. Em todas as suas páginas, a fala sobre a interioridade subjetiva dos personagens remete à paisagem árida do semiárido. A narrativa mordida da inclemência da vida social se confunde com a da inclemência da natureza física. O horizonte ilimitado do clima semiárido é tão abrangente quanto a sufocação do latifúndio dominante na paisagem. Horizontes que se fundem, porque se confundem. A minudência da descrição paisagística do sertão mortificado é o relato da interioridade seca e desolada do espírito de um povo sem perspectivas de boas safras de vida. Da angústia ao ódio e às esperanças, o estado subjetivo dos homens desesperançados une-se aos detalhes externos de uma natureza emudecida pela seca e pela morte da vida. No simbolismo da fala, o semiárido objetivo da paisagem externa é a angústia, a opressão, a expulsão do homem da realidade social na paisagem interna e subjetiva do espírito. Na falta d'água, na seca do rio, na salinização do açude está a morte subjetivo-objetiva da vida. O simbolismo cinzento do sertão semiárido é a cor do latifúndio e o latifúndio é a cor cinzenta do sertão semiárido. Espaços externo e interno se fundem e se confundem, porque se leem mutuamente, identificando a unidade objetivo-subjetiva das contradições da existência (des)humana do sertanejo.

A literatura não é, assim, alheia à realidade humana, e se dela fala com a linguagem subjetiva do signo, nem por isso dela fala menos como realidade que a ciência. São falas sobre o mundo tanto o discurso da literatura quanto o da geografia, da história, da sociologia, da química, da física ou da psicologia, todos eles não sendo mais que modos de interpretação-representação do real.

Mas, de hábito, não se põe num romance esse sentido. Uma certa concepção de conhecimento do mundo, a positivista, coloca a ciência e a arte em mundos separados, inserindo a arte como algo marginal ao terreno da explicação do mundo. Diz-se, então, que ciência é ciência e arte é arte. Que há o mundo da ciência e o mundo da arte. Tanto que existe a linguagem da ciência, dita diferente da linguagem da arte porque aquela é objetiva e rigorosa, e esta é subjetiva e livre. Tem-se por inadmissível assim que um cientista escreva uma obra científica com a linguagem de um poeta, do mesmo modo que por inconcebível um poeta que escreva uma poesia com linguagem que não seja a subjetivamente poética. Mas o que seja isso e onde fica a fronteira rígida entre uma linguagem e outra, isso nunca se tem por certo. Formados nesse padrão de (des)entendimento, nos acostumamos a aceitar um discurso científico de linguagem seca, árida e habitualmente desinteressante, porque distante da interioridade subjetiva e do qual o homem está do lado de fora, mesmo quando é ele o tema. Falta calor humano à ciência, e isso se justifica porque ela fala do homem de um "modo científico". Se, entretanto, o objeto da fala, da ciência como da arte, é o mundo do próprio homem, a diferença estando na fala, como pode o homem falar de si mesmo de forma tão dupla, omissa e dissonante: uma seca e outra cálida?

Fonte privilegiada da linguagem tanto real da ciência quanto simbólica da arte, o espaço é o tema, portanto, que pode, numa leitura não positivista do mundo, unificar a ciência e a arte numa mesma perspectiva do olhar, eliminando a dualidade objetivo-subjetiva da compreensão do homem que elas encerram. Até porque quando falamos da realidade da vida dos homens utilizando-nos do rico universo linguístico do espaço, movemo-nos num arsenal semiótico de horizontes e pluralidade infindos. Porque tudo é sígnico. Assim, na história ou na geografia uma cidade conversa com seus habitantes num código de linguagem que é em si mesmo a própria fala sobre os homens. Os nomes das ruas, o desenho urbanístico, a estética das construções, a lógica da distribuição dos arranjos, do que falam esses aspectos senão de um modo de existência dos homens? E não é esse o conteúdo que se move por trás das falas distintas em uma obra de literatura? Que diferença, verdadeiramente, podemos encontrar entre a Paris dos poemas de Baudelaire e a dos ensaios filosóficos de Walter Benjamin?

Uma leitura do clássico *Casa-grande e senzala*, de Gilberto Freyre, e dos seis livros sobre a saga do açúcar, de José Lins do Rego, não vê uma fala do mesmo Nordeste sofrido de *A terra e o homem no Nordeste*, de Manuel Correia de Andrade? E não são elas três reflexões sobre a mesma espaço-temporalidade: o Brasil da elite dominante dos séculos XVIII ao XX?

Nessas obras, o fundo da história e a forma das amarras do espaço são as mesmas, ainda que não os olhares. Um mapa da organização espacial da sociedade brasileira no final do século XIX apresentaria cidades concentradas no litoral, uma ou outra espalhada pelo interior, sobrevivente do tempo da mineração. Ao redor das cidades litorâneas ficam, em pontos distanciados, as manchas das áreas de grandes plantações de cana, com seus engenhos e usinas de açúcar no litoral nordestino e no norte do estado do Rio de Janeiro, ou de cacau no sul da Bahia. O interior do território brasileiro, numa faixa de ocupação descontínua e alongada no sentido norte-sul, desde o sertão nordestino até o sertão do pampa gaúcho, passando pelo sertão central da região dos cerrados, é o mundo, cheio dos claros das áreas desocupadas, em que a pecuária significa e interliga todos os sertões. Avançando em cunha nesse arco pecuário, num começo de interiorização da grande lavoura pelos claros florestados dos sertões fechados ao gado, expande-se a mancha cafeeira desde o vale do Paraíba, no cruzamento dos Estados do Rio de Janeiro, Minas Gerais e São Paulo, a leste, até o centro e o oeste paulista rumo à bacia do Paraná. Completa esses anéis o mais extenso e periférico deles, o sertão extrativo-vegetal da Amazônia, sertão dos homens enterrados nas matas à procura da borracha no longo da vegetação densa e dos rios. Este é o painel de fundo da espacialidade diferencial que ainda vemos presente ao longo das décadas do século XX e sobre o qual se debruçam Gilberto Freyre, José Lins do Rego e Manuel Correia de Andrade (Moreira, 1981).

É o quadro comum que têm à frente geógrafos, historiadores, críticos literários e romancistas. Quadro contraditório de onde brotam os personagens dos romancistas desde os retratos urbanos de Machado de Assis e Lima Barreto até os rural-regionais dos escritores regionalistas, que daqui a pouco vão sucedê-los. Se Machado de Assis nos delicia com a crítica da monarquia decadente, prenunciando a República, e Lima Barreto com a crítica de um regime republicano que já nasce decrépito, porque controlado pelas mesmas elites que controlavam a monarquia, os escritores regionalistas nos brindam com a fina dissecação do universo regional de domínio delas, o mundo dos coronéis que libertam os escravos apenas para recriá-los mais adiante na figura dos moradores, foreiros, parceiros, colonos, peões, seringueiros, reinventando seus privilégios de elite decadente. Ferreira de Castro faz o retrato da elite seringalista amazônica, José Lins do Rego da canavieira da zona da mata nordestina, Graciliano Ramos da pastoril agrestina, Jorge Amado da cacaueira sul-baiana, Guimarães Rosa da pastoril mineira, Mário Palmério da pastoril centro-oestina, Érico Veríssimo da pastoril gaúcha. É o mesmo quadro de paisagem das obras dos cientistas sociais desde um Gilberto Freyre, Sílvio Romero, Oliveira Viana, Caio Prado Jr., Sérgio Buarque de Holanda, Pierre Monbeig e Manuel Correia de Andrade. Nas páginas das obras e nos retratos de todos eles é o mesmo o espaço-temporalidade da sociedade brasileira que emerge. A mesma a busca de uma forma linguística de espaço-tempo capaz de exprimi-la. E o mesmo o propósito de entender a realidade que os move ao diálogo como intelectuais, entre os quais estão os romancistas, os historiadores e os geógrafos.

Pois que diferença de fundo um texto geográfico, historiográfico, sociológico ou antropológico teria do texto literário de *Grande sertão: veredas,* em que Guimarães disseca a seu modo essa mesma sociedade:

> As coisas que não tem hoje e ant'ontem amanhã: é sempre. Ai, arre, mas; que esta minha boca não tem ordem nenhuma. Guerras e batalhas? isso é como um jogo de baralho, verte e reverte.
>
> As pessoas e as coisas não são na verdade. A vida disfarça.
> É e não é. O senhor ache e não ache. Tudo é e não é... Quase todo mais grave criminoso feroz, sempre é muito bom marido, bom filho, bom pai, e é bom amigo-de-seus-amigos! Sei desses.
>
> Só que tem os despois, e Deus junto. Vi muitas nuvens. Mire e veja: o mais importante e bonito, do mundo é isto: que as pessoas não estão sempre iguais, ainda não foram terminadas – mas que elas vão sempre mudando.
> Afinam e desafinam. (Rosa apud Bosi, 1995: 488)

Um geógrafo que falasse na linguagem da dialética do mesmo sertão pecuário mineiro, usando o estilo redacional de Marx, prenhe de poesia, ou o de Guimarães Rosa, prenhe de ensinamentos da experiência sensível, veria seu texto pouco diferir, ressalvada obviamente a maestria do texto roseano, inigualável na forma, do modo dialético como, no texto que transcrevemos, Guimarães Rosa dele fala. Que diferença haveria desse texto de Guimarães Rosa com o do historiador das religiões Mircea Eliade (1989 e 1985) ou do antropólogo Lévi-Strauss (1975) sobre o totemismo, igualmente carregados de metáforas e significações? Se podemos falar de diferenças de estilo, poder-se-ia falar por conta disso duma presença e ausência de sensibilidade?

Se a relação sensível igualiza inicialmente um romancista e um cientista em suas falas sobre o mundo, sabemos a razão, perfeitamente identificável, que fazem que ciência e arte daí em diante se separem e sigam – justamente no momento da fala – caminhos tão diametralmente opostos, o da ciência numa linguagem cada vez mais vazia e árida e o da arte cada vez contrariamente mais plena e calorosa na referência à relação sensível do homem com o mundo. Numa leitura de mundo que tome por referência o próprio dado sensível é, antes de mais nada, a concepção de ciência e arte, mais que a relação humana do cientista e do artista com o mundo, que cria tal situação. O problema é de paradigma, o racionalismo positivista, que barra para a ciência a sensibilidade liberada e esperada para a arte.

A diferença estaria especialmente no modo próprio de falar da relação da sensibilidade corpórea com o de fora. Trocando em miúdos, o primeiro contato que temos como seres humanos com o mundo se dá através dos sentidos, isto é, através do ato corpóreo de ver, ouvir, cheirar, tatear, degustar, que nos faz senti-lo e percebê-lo como mundo. Depois, é através da reflexão inteligível sobre esse mundo dos sentidos que o imediato da percepção adquire o sentido mediato de entendimento. E, então, o aparente se explicita no discurso da teoria. A diferença está em como o cientista e o artista fazem isso: o primeiro descreve e o segundo narra (Lukács, 1968).

Ao olhar uma paisagem, por exemplo, o que de imediato vêm à nossa percepção é a pluralidade e a individualidade do mundo percebido. Todavia, a transposição intelectual do suprassensível faz-nos ultrapassar a imediatez do múltiplo-individual com que este se apresenta, colocando-nos diante dele como uma totalidade estruturalmente articulada e integrada. O que acontece é que a ciência faz esse movimento de totalização pela via do conceito. E a arte o faz pelo caminho mais livre dos símbolos da significação, enfatizando o sentido e o significado. Nem por isso, entretanto, uma expressa com mais correção a captação do real que a outra. Simplesmente, são modos diferenciados de referenciar e mediatizar o mundo experienciado por meio do corpo, de exprimir intelectualmente o imediato e, assim, de pela fala dele ganhar conhecimento e consciência.

Diz-se que um romancista como Guimarães Rosa capta o mundo a partir de categorias aparentemente carregadas de subjetividade, porque sígnicas, em contraposição a um cientista de igual porte, que o faria pelas categorias lógicas da objetividade. Na verdade, num como noutro caso estamos diante de sujeitos paradigmatizados em nossa cultura dicotômica em sua relação com o seu mundo. O romancista, num aflorar maior de sensibilidade, tomaria emprestado do mundo o simbolismo do sentido como linguagem da fala humana, enquanto o cientista pragmaticamente o desprezaria por inobjetivo. O romance, entretanto, narra, com a mesma riqueza de objetividade da ciência, o movimento das formas do mundo, o devir como estado da realidade. E a ciência descreve o fenômeno com a mesma riqueza de subjetividade do romance. Porque desde a física relativista de Einstein tudo depende do ponto de referência do olhar.

Que diferença o texto de um romance de Guimarães Rosa teria de uma expressão do tipo "a burguesia engravidou a história e deu à luz a revolução francesa", a forma poético-simbólica com que Marx em *O 18 brumário de Luís Bonaparte* explica o golpe de Estado de 1852 na França (Marx, 1978)?

Voltemos ao texto citado. O espaço simbólico em Guimarães Rosa fala tão poética e dialeticamente do mundo real quanto este e outro texto de Marx. "Vi muitas nuvens", diz Guimarães Rosa. Mas o que diz a metáfora das nuvens? Em que plano de verdade essa captação da dialeticidade do natural de Guimarães Rosa difere daquela do social de Marx, se em ambos o real é o mundo externo e do movimento, não o das formas congeladas? Todos nos lembramos de uma brincadeira de criança, em que imaginamos formas emprestando significados às nuvens: num momento é um cavalo, noutro é um carneirinho, para a seguir ser um gigante disforme e espantosamente horrendo. E, no entanto, tudo não passa da fluida dialeticidade do movimento da nuvem-objeto-no-espaço enquanto forma e conteúdo de nossas percepções do mundo. Haveria uma fronteira positivista em um marxista acostumado a um Marx que em pleno *O 18 brumário* diz que "a burguesia engravidou a história e esta deu à luz a revolução francesa" diante de um Guimarães Rosa afirmador de que "é e não é. O senhor ache e não ache. Tudo é e não é...", ou "Mire veja: o mais importante e bonito do mundo é isto: que as pessoas não estão sempre iguais, ainda não foram terminadas, mas elas vão sempre mudando. Afinam e desafinam"? Marx teria pejo cientificista de escrever *O 18 brumário* na linguagem com que Guimarães Rosa escreveu essas páginas de *Grande sertão: veredas*? E Guimarães Rosa, o seu romance com linguagem da obra magistral de Marx? Ambos teriam pejo da fantasia da nuvem em sua dialética transfigurativa de formas em movimento?

A linguagem do espaço, eis uma riqueza de fala de mundo capaz de unir, ao tempo que sem deixar de diferenciar, mas não com fronteiras estanquizadas por estúpidas exclusões e separações hierárquicas, literatura, história e geografia. Se romancistas, historiadores e geógrafos tomassem as estruturas linguísticas de uma comunidade ribeirinha, utilizando a simbologia espacial de seus vocábulos por meio de seus significados como veículos de leitura do real, não teriam eles nesse linguajar simbólico um plano comum e rico de diálogo e compreensão do modo de vida e de mundo dessa comunidade, em especial se realizassem suas investigações interdisciplinarmente?

Ora, o romance brasileiro, em particular o regionalista dos anos 1920 aos anos 1950, é tão fundamentalmente uma análise crítico-espacial do real nacional quanto o é a melhor literatura das ciências sociais do período. Falam do espaço brasileiro como forma nacional de nossa história tanto *Vidas secas*, de Graciliano Ramos, ou *Macunaíma*, de Mário de Andrade, quanto *Casa-grande e senzala*, de Gilberto Freyre, *Formação política do Brasil*, de Caio Prado Jr., *Visão do paraíso*, de Sérgio Buarque de Holanda, *Pioneiros e fazendeiros em São Paulo*, de Pierre Monbeig, e *A terra e o homem no Nordeste*, de Manuel Correia de Andrade. Ponto comum na inflexão dessa plêiade de obras do período 1920-1950, transparece o tema da mudança de uma sociedade agrária em urbano-industrial e o seu significado na realidade brasileira. As velhas classes agrárias nordestinas estão em decadência e São Paulo industrial em ascensão na polaridade de uma sociedade submetida à emergência de uma burguesia e uma classe média urbanas. Por isto, o Nordeste senhorial das usinas e engenhos e a São Paulo artificial e da tecnologia futurista são o tema da crítica ferina de José Lins do Rego e Mário de Andrade, respectivamente; José Lins dissecando na linguagem crua do *Menino de engenho* o patriarcalismo declinante dos senhores de engenho, e Mário de Andrade ironizando na gozação do maquinismo desumanizante de *Macunaíma* a tacanhez cultural da elite burguesa industrial paulista em emergência. Retratos ácidos de uma civilização mutante de agrária para urbano-industrial, mas flutuante sobre as raízes reais de uma nacionalidade que é deixada fora, tal como seu povo eternamente excluído.

Talvez por isso *Macunaíma* seja nosso romance mais emblemático, com suas metáforas espaciais carregadas de deboche. É a irônica metáfora do espaço-corpo nacional, decomposto pelo desenraizamento territorial do seu próprio povo.

Macunaíma, o herói sem caráter, nasce de um parto de cócoras de sua mãe índia numa tapera no meio da mata amazônica. Portanto, índio, negro e pobre. Ao invés do choro, nosso herói nasce batendo com a cabeça no chão e proclamando sua manifesta preguiça. "Ai, que preguiça", eis um Macunaíma tão nacional quanto o matuto Jeca Tatu que Monteiro Lobato criticamente pôs diante da mentalidade atrasada de nossa elite cultural. Seu tempo é o lúdico: Macunaíma só se mexe quando se trata de "brincar" (fazer sexo) e descansar, num culto eterno à preguiça. Então, um belo dia vê-se sem a pedra muiraquitã, encarnação de sua identidade, presenteada por uma das índias com quem passava o dia "brincando", roubada pelo gigante-estrangeiro, que mora, naturalmente, em São Paulo. Parte, então, numa longa migração, abandonando seu longínquo sertão amazônico em troca da meca da modernidade urbana e tecnológica que é São Paulo. Aí começa sua longa peregrinação pelo universo das mazelas de um país em perda acelerada de suas raízes. Subindo os rios, Macunaíma atravessa todos os sertões do Brasil, rumo à São Paulo urbana. Quando ali chega, é inevitável o choque e o desânimo com a crueldade de uma cultura artificial e cuja malvadeza de longe ultrapassa a ingenuidade da sua. A saída é ser mais malandro que ela, usando como arma o artifício da linguagem do rural transmutada no urbano. Inverte, assim, os sinais. Aprende no contraditório convívio com o bicho-carro, o bicho-telefone, o bicho-elevador, o bicho-prédio, o bicho-rua o uso da paisagem urbana como arma de luta contra o feroz gigante usurpador da pedra encarnadora das raízes de sua identidade de espaço originário. Nessa luta, morre e renasce, num ciclo de morte e ressurreição que se nutre da força cultural popular ritualizada na macumba e no candomblé, que Macunaíma joga contra a poderosa força antropofágica do gigante, enfraquecendo-o para o ato final de derrotá-lo em seu próprio ritual de antropofagia. Com o talismã, enfim, reconquistado, nosso herói retoma o caminho de volta ao sertão original. Todavia, nem Macunaíma nem o sertão rural-natural são mais os mesmos. Já não há mais retorno. Por isso, no caminho da volta seu corpo vai se desmembrando e se decompondo, soltando-se em pedaços pelo sertão, chegando de volta enfim à origem, mas completamente mutilado, até que não lhe resta senão descolar-se de sua espacialidade-corpo na terra para, transcendendo o rumo da história, transformar-se numa das estrelas do Cruzeiro do Sul no espaço universal do céu.

Talvez seja esse romance de Mário de Andrade a metáfora mais forte em nossa literatura da epopeia da metamorfose espacial do povo brasileiro oriunda da industrialização. Metáfora do divórcio da cidade e do campo, da ruptura civilizatória numa relação sem volta com a sua origem natural, em que tudo em identidade começa, *Macunaíma* é, antes de mais nada, o romance da crítica mais contundente da forma que segue a sociedade brasileira em seu trajeto rumo a um perfil urbano-industrial, o grito de guerra ("Tupi or not tupi, eis a questão") do movimento antropofágico. Macunaíma sai do sertão, o rural natural identitário, e a ele volta desculturalizado, pois mesmo o rural não é mais o mundo do começo. Tal como o espaço-corpo do nosso herói, o espaço-corpo da nação encontra-se incuravelmente fragmentado, disforme, desenraizado. Resta começar tudo de novo, desde onde nossos símbolos são mais nossos. Por isso, na travessia que o leva de retorno ao sertão mais interior da mata virgem na Amazônia, o da natureza índia-negra, os pedaços no que se vão soltando vão virando estrela, numa transcendência espacial da terra para o céu que leva Macunaíma a, nessa nova espacialidade, reencontrar-se e reencontrar os seus, e de onde, desde então, todas as noites, aparece apontando na escuridão do céu o rumo do norte de uma civilização consigo mesma reencontrada para o seu povo.

Macunaíma é a metáfora das forças fragmentárias da história, a industrialização que desintegra espaço-temporalmente nossas raízes mais profundas (o romance é de 1928). Mas pode ser também a metáfora da necessidade de convergirmos na construção de uma nova sociedade na qual ser, tempo e espaço sejam unitários. Metáfora igualmente de superação da atomização positivista que isola e contrapõe ciência e arte, num apelo que sugere o encontro das letras, da história e da geografia e seus professores num trabalho solidário de construção de uma consciência de espaço-temporalidade em que gigante seja o nosso povo e não o capital monopolista e estrangeiro que eternamente lhe rouba sua muiraquitã.

Grande sertão: veredas, na trilha de uma geografia roseana[3]

Um velho sonho volta e meia invade e incendeia minha imaginação de geógrafo: ver pelos olhos da arte o mundo que veem os olhos da geografia, e vice-versa, numa troca recíproca de linguagens de espaço. Fundir num só olhar os olhares imagéticos das ciências sociais, das artes (literatura, pintura, cinema, arquitetura) com os da geografia: veres espaciais.

Há uma dificuldade nesse passo ousado. E essa não vem da arte. Mas da imensa fragilidade de pensar com as armas finas da reflexão da arte que acompanha a geografia em sua história. Da relação fria de sua linguagem com o espaço, não obstante tão carregada de representações semiológicas (de geo *graphias*).

Guimarães Rosa é um convite constante, tanto quanto antigo, de realidade dessa transfusão.

João Guimarães Rosa nasceu em Cordisburgo (nenhum lugar do mundo teria um nome mais apropriado), Minas Gerais, em 1908, e morreu em 1967, aos 59 anos de idade, no Rio de Janeiro. Formou-se em medicina em 1930, mas em 1934 abandona a profissão para ir servir o Brasil no exterior como diplomata. Alemanha (1938), Colômbia (1942) e França (1948).

Sua produção aparece entre 1946 e 1967. Em 1946 publica *Sagarana*, seu primeiro livro, um conjunto de contos. Em 1956, *Corpo de baile*, um conjunto de contos longos e novelas, que em sua reedição será desdobrado em três livros (*Manuelzão e Miguilim*, 1964; *No Urubuquaquá, no Pinhém*, 1965; e *Noites do sertão*, 1965), e *Grande sertão: veredas*, sua obra-prima, um romance longo e inteiriço, também em 1956. Em 1962 publica *Primeiras estórias*. E, por fim, em 1967, ano de sua morte, *Tutaméia (Terceiras estórias)*. Duas obras póstumas reunirão ainda contos e novelas: *Estas estórias* (1969) e *Ave, palavra* (1970).

Grande sertão: veredas é a epopeia do jagunço Riobaldo. Uma odisseia sertaneja, narrada na forma de uma novela medieval de cavalaria. Momento de ápice da ficção roseana, é uma obra que já nasce um clássico da literatura brasileira. Sua publicação causa a reação do espanto.

É uma espécie de filha temporã da fase regionalista, período da história da literatura brasileira que formalmente abarca as décadas finais do século XIX e iniciais do século XX, mas à qual é costumeiro acrescentar-se uma plêiade de romances e romancistas que entram pelos períodos pré e modernista adentro, cada qual tematizando a realidade do homem brasileiro segundo suas regionalidades: Ferreira de Castro (para a Amazônia seringueira), Dalcídio Jurandir (para a Amazônia marajoara), Hugo de Carvalho Ramos (para o sertão goiano), Raquel de Queiroz (para o sertão nordestino), José Lins do Rego (para o Nordeste açucareiro), Graciliano Ramos (para o agreste alagoano), Jorge Amado (para o sul-baiano cacaueiro), Érico Veríssimo (para o pampa sulino) e, já na esteira do romance roseano, Antonio Cândido de Carvalho (para o sertão mineiro) e Mário Palmério (para o sertão oeste-mineiro).

A história se passa nos sertões do centro-norte de Minas Gerais e do centro-sul da Bahia, espalhados ao longo da calha do alto rio São Francisco, com ponto de referência no rio Urucuia, terra de Riobaldo e à qual ele se reporta a toda vez que se recolhe em seus frequentes momentos de intimismo.

Alguns críticos situam-na na virada do século, período marcado pela transferência ainda recente pela União do poder de legislar sobre a distribuição de terras para os governos estaduais, antes provinciais, trazendo esse poder para a proximidade e órbita da influência das grandes oligarquias locais. Isso significa por um lado colocar nas mãos dessas oligarquias o poder de decisão sobre questões de terra, mas, por outro lado, instalar entre elas um quadro de disputas que as joga num tempo de grandes confrontos e o sertão num estado absoluto de guerras e violências.

Ocupado até então pelo avanço espontâneo da pecuária e em territórios sem fronteiras formais, o sertão ver-se-á doravante dividido e separado por cercas que distribuem de modo absoluto os domínios dos chefes, atuando esse fato precisamente como a fonte dos confrontos. Retrato desse período, *Grande sertão: veredas* é um romance percorrido pelo tropel dos bandos de jagunços em cavalgadas de entrechoques sem fim dos chefes de tropas com o governo e entre si.

A semelhança com a história da ocupação do oeste americano, dominado à mesma época pela disputa de terras entre os grandes pecuaristas com seus bandos de pistoleiros, num clima de barbaridade e violência entre si e com os pequenos agricultores e criadores de ovelhas, suscitou inúmeras comparações. Até porque a data da publicação do romance coincide com o período de auge dos filmes do *farwest*, terra-objeto de narrativas dos tropéis de cavalaria, bandoleiros e tribos de índios do oeste longínquo, tão recheada de mitos e guerras quanto o mundo de Riobaldo.

É uma história que se passa, pois, no ambiente do cerrado, a paisagem que emerge das páginas de Guimarães Rosa, tal como plasticamente a pradaria nas telas do cinema do *bang-bang* norte-americano. A fauna, a flora, a topografia, os rios do cerrado mineiro-baiano, dominado pelo caudal do rio São Francisco, formam o espaço-mundo do jagunço.

Não é esse, entretanto, o espaço geográfico real de Guimarães Rosa.

Os detalhes da flora, as surpresas faunísticas, o recortado da topografia, a sonoridade dos rios, não são mais que pontos de referência, signos da construção do espaço verdadeiro. Esse é o que emerge lentamente da fusão num só ser do visível e do invisível, do oculto e do revelado, do significante e do significado, da infinita integração dos opostos dialéticos no curso da qual homens e paisagem uns nos outros se transmutam.

Talvez se revele aqui a distância que separa *Grande sertão: veredas* das outras obras da ficção regionalista. Enquanto estas são a narrativa regionalista de homens regionais, *Grande sertão: veredas* é a reflexão universalista do ser regionalizado. Os detalhes da flora, da fauna, das reentrâncias e recortes do meio são o dado do sensório que puxa o ser para a regionalidade e por essa via inscreve a concretude da sua universalidade. O sertão é o mundo e o mundo é o mundo do homem: cada homem do mundo é um Riobaldo à sua maneira.

O sertão é esse espaço regional-universal, o mundo criado pelo homem a partir das transfusões subjetivas e sensórias do *gerais*. O ser-tão, o eu-mundo que aparece a Riobaldo ora de um modo, ora de outro, de acordo com os momentos subjetivo-concretos da construção:

> O senhor tolere, isto é o sertão. Uns querem que não seja: que situado sertão é por os campos-gerais a fora a dentro, eles dizem, fim de rumo, terras altas, demais do Urucuia. Toleima. Para os de Corinto e do Curvelo, então, o aqui não é dito sertão? Ah, que tem maior! Lugar sertão se divulga: é onde os pastos carecem de fechos; onde um pode torar dez, quinze léguas, sem topar com casa de morador; e onde criminoso vive seu cristo-jesus, arredado do arrocho de autoridade. O Urucuia vem dos montões oestes. Mas, hoje, que na beira dele, tudo dá – fazendões de fazendas, almargem de vargens de bom render, as vazantes; culturas que vão de mata em mata, madeiras de grossura, até ainda virgens dessas lá há. O *gerais* corre em volta. Esse gerais são sem tamanho. Enfim, cada um o que quer aprova, o senhor sabe: pão ou pães, é questão de opiniães... O sertão está em toda parte [...] (p. 7-8).

> Sertão. O senhor sabe: sertão é onde manda quem é forte, com as astúcias. Deus mesmo, quando vier, que venha armado! E bala é um pedacinhozinho de metal [...] (p. 18) Sertão. Sabe o senhor: sertão é onde o pensamento da gente se forma mais forte do que o poder do lugar. Viver é muito perigoso [...] (p. 24) Sertão é isto, o senhor sabe: tudo incerto, tudo certo. Dia da lua. O luar que põe a noite inchada [...] (p. 146) Sertão é isto: o senhor empurra para trás, mas de repente ele volta rodear o senhor dos lados. Sertão é quando menos se espera; digo. Mas saímos, saímos. Subimos. (Rosa, 1976).

Dialeticamente a um só tempo regionalidade e universalidade, "o sertão é onde o pensamento da gente se forma mais forte do que o poder do lugar". É o espaço que "está em toda parte" e "é do tamanho do mundo". O redor que é além. O além que é redor. A unidade que enraíza e une na transcendência a diversidade dos pedaços da paisagem do cerrado como espaço-mundo do jagunço.

Mas é o sentido do mundo o elo que lhe confere unidade, imanência e transcendência. Daí o papel dos signos. Pontos de referências que costuram os mundos num só. Signos de um sentido que informa e forma o pensamento: "Pão ou pães, é questão de opiniães".

É assim que em toda a primeira parte de *Grande sertão: veredas* a narrativa flui numa sensação de falta de sentido. Como uma sucessão de causos que desfilam uns após outros sem aparente ligação lógica. Estórias dentro de uma história. Recortes dentro de um todo fragmentário, incoerente, impreciso. A interligá-las, só a reflexão ética de Riobaldo, sentenças, provérbios, juízos permanentemente sacados sobre as coisas do mundo. Coisas do demo e do medo ("o diabo na rua, no meio do redemunho"), num jogo simbólico de incrível inversão. Um mundo nietzschianamente sem Deus. Mas pleno do diabo!

É só mais adiante que as peças se encaixam. No momento em que, pela primeira vez no romance, Riobaldo, relembrando o momento mágico do encontro com Diadorim, não mais filosofa, reflete sobre o sentido do ser, traça a biografia de seu mundo. O tempo aparece, e as histórias, como que de súbito, se ligam, os pedaços do sertão se unem. É porque o espaço-tempo então se forma. Fica-se sabendo que Riobaldo é filho de mãe solteira, de pai desconhecido, nascido e criado no burburinho do ambiente do Urucuia, acolhido pelo padrinho, o pai que só pelo disse me disse da vaqueirada descobre e repugnadamente recusa. Daí sai o fio que transfunde paisagem ser e se ata o afresco dos significados do sertão, o mais que o mundo violento e ambíguo de Riobaldo.

Sertão, "onde manda quem é forte, com as astúcias", é, assim, o espaço que pode ser construído para a liberdade, como pode ser para o fim da hegemonia. E essa é uma das mais fortes ambiguidades de Riobaldo, o jagunço que se integra a um mundo de coronéis donos de tropas, de terras e dos destinos da guerra. Ao mesmo tempo que anseia o horizonte livre, comporta-se como um deles. Ao mesmo tempo que questiona o espaço do seu trânsito, indaga-se amargado do sentido de encontrar-se dentro dele.

É esse contraponto, tom escolhido para narrativa por Riobaldo ao longo de todo o romance, o questionamento que irá aos poucos clarificando o porquê de tantos espaços dentro de um mesmo espaço. Paralelismos num ser ainda não reencontrado.

Dentro dos fragmentos dessa história aparentemente sem sentido, há uma linha que se estica e dá o sentido que une os cacos e aos poucos os aclara: o amor inextricável de Riobaldo e Diadorim. Enquanto esse sentido mais recôndito permanece oculto, é a paisagem do cerrado a imagem que emerge diante dos seus olhos como a referência de unidade de mundo para o jagunço. A explicação final do mistério Diadorim tudo ressignifica. É Diadorim a razão real e o porquê que aclara o sentido da narrativa, o motivo que prende e mantém Riobaldo dentro do espaço mundo construído à imagem e semelhança dos chefes de guerra que renega. A relação com Diadorim, uma relação entre dois jagunços, é a tensão que aclara a guerra, a raiz da relação ambígua e contraditória do mundo, tão absurda quanto o sem-sentido do mundo para Riobaldo, a fonte que dá cor e som à paisagem e faz o cerrado mudar de imagem no espírito amargurado do jagunço. Quando a imagem de Diadorim desfalece, tudo se desbota (reviva-a ele só nas lembranças e retornos ao Urucuia seminal). Quando ela transluz, tudo se aclara.

São dois espaços que se entrechocam. O externo, da unidade política tecida aos olhos e prestígio dos chefes de guerra, homens de bens fundiários e hegemônicos sobre o sertão. E o interno, da fragmentaridade emergida da falta de sentido de mundo de Riobaldo. Diadorim é o elo da travessia. O sentido que põe em tudo o acento e cobre a falta da unidade. A razão que faz do sertão "tudo incerto, tudo certo". O ser-tão que se ergue aos olhos de Riobaldo como o arquétipo do *gerais* (influência de Jung sobre Guimarães Rosa?). O espaço mágico, mítico, contraditório, a um só tempo doce e violento, claro e escuro, ser e nada, tal como a relação que trava em vida com Diadorim.

Por isso, não impressiona que em Riobaldo, o sertão, fragmentário, não se dicotomize. Antes, se eleve diante dele como o eu-mundo identitário do jagunço, a paisagem-ser do espaço de Riobaldo, e de cada personagem que se move na trama.

Pode-se não tomar por científica uma tal leitura do espaço. Certamente, ao que tudo parece nada geográfica. De se aceitá-la válida só como um recurso literário. Verdadeiro, enquanto ficcional. Talvez ainda aqui devamos deixar a palavra para Riobaldo: "Sujeito muito lógico, o senhor sabe: cega qualquer nó".

Acostumados com o objetivismo que impregna o mundo da ciência, dissociamos no mundo o que é dela e o que é da arte. Não nos indagamos se não é este o nó cego que até agora afastou o olhar do geógrafo da capacidade de ver e compreender o espaço como o mundo tenso do ser contraditório. Tal como por meio de *Grande sertão: veredas,* Guimarães Rosa logra ver pelos olhos de Riobaldo.

A geograficidade: o olhar geográfico sobre o espaço

Os sertões de Graciliano Ramos, Mário de Andrade e Guimarães Rosa são e não são um mesmo. São a regionalidade concreta do recorte do espaço localizado e são a universalidade abstrata do homem no mundo, ao mesmo tempo. Isso porque o sertão é a geograficidade. É o combinado ser-espaço-tempo, a experiência de espaço e tempo (Harvey, 1992) que define o espaço como modo espacial de existência do homem.

Vejamos como isso se estabelece.

Todo ente, para ser geográfico, tem que estar localizado e situado dentro de uma distribuição de localizações. A localização espacial é essencial e a situação na extensão um seu pressuposto, uma vez que apenas estar não constitui um mundo. Estar é essencial. Mas estar só se faz ser na alteridade. E é essa mudança que faz a situação geográfica. É preciso, então, que a localização se defina como uma distribuição. Isso porque mais que um sistema de localizações, a distribuição é a própria inserção do homem no estar no mundo. É "co-habitação". Só quando a coabitação se estabelece, só então a existência se faz presença. O mundo se forma. O estar é ser no mundo. E o espaço se faz assim ontologia.

Esclareçamos esse ponto. É com a distribuição que a alteridade acontece. O ente se vê num todo e em face desse todo o sentido de estar como ser aparece. E é essa apresentação/presentificação do ente na distribuição que torna a localização o elo de um ser estar algo do ente, o espaço mundo virando espacialidade.

É preciso, então, clarificar o elo real da ontologia, tirá-la da sua casca metafísica. Em outros termos, esclarecer o ponto onde a geograficidade é a uma só vez ser, espaço e tempo (Harvey, 1992). Esse ponto é o metabolismo do trabalho (Lukács, 1979; Lessa, 2002b e 1997; Moreira, 2002b e 2001).

O trabalho é o nome ontológico que damos para a relação homem-meio do geógrafo e que em geografia dá-se como um plano localizado e coabitado na superfície terrestre. É uma relação metabólica, uma troca de forças entre o homem e a natureza que se faz entre homens num lugar da superfície terrestre e num momento do tempo. Então, é uma relação de corpo, relação integral e interativa, com outros corpos, uma relação homem-meio-homem. E, assim, uma sociabilidade.

A relação homem-meio, seja por qual nome a designemos, é o âmbito da luta do ser para manter-se vivo pelo alcance da subsistência. E o ser vivo é o primeiro sentido ontológico da geograficidade. Porque ele é o próprio significado e sentido do metabolismo do trabalho (a relação genética). A existência alça-se para além da subsistência, todavia. E só se integraliza no plano maior da hominidade. Então, é preciso que a relação homem-meio-homem se realize como um processo de hominização do homem pelo metabolismo do trabalho e assim o estar complete a necessária integralidade do ser. Esse movimento de *autopoiesis* (a autoprodução do homem) é o segundo momento e momento final da geograficidade. Porque o metabolismo do trabalho se integraliza em homem (a relação genealógica).

O fundamento ontológico vem dessa gênese e genealogia que iniciam e finalizam o metabolismo do trabalho, porque a geograficidade, o sentido do pertencimento que traduz o espaço como o ser estar do homem no mundo, espacialidade, modo da existência do homem, sai desse duplo dialético. Estar aí, por isso que a geograficidade é mais que uma pura contextualidade espacial.

A literatura talvez seja a forma mais pura de apreensão da geograficidade. Nela a trama da experiência de espaço-tempo da geograficidade aparece na forma direta e imediata das significações, grafada no imaginário e na linguagem do personagem. Daí a noção corrente de a literatura diferir da ciência pelo seu discurso livre e simbólico, sem o rigorismo do método usado pela ciência. Um grande engano, como vimos.

A geografia é uma outra forma. Aqui, a trama é diretamente o drama espacial, o espaço como tensão dramática no sentido lacosteano (Lacoste, 1989). A geograficidade se revela na transfiguração da linguagem interno-externa do espaço experienciado, a relação ôntico-ontológica por meio da qual o espaço se revela como o estar aí do homem.

Fazer dialogar a geograficidade do romancista e a geograficidade do geógrafo pode ser assim um exercício dos mais estimulantes para a reflexão em geografia. Uma troca de experiência de espaço-tempo das mais ricas. Um cruzamento de olhares deliciosamente produtivo.

Vimos que em Graciliano Ramos a geograficidade é a unidade espaço interno-espaço externo na fusão da qual a paisagem de fora se confunde com o sentir-se no mundo da paisagem de dentro, formando-se diante dele a mundanidade-mundo do sertanejo. Em Mário de Andrade, é a metáfora do espaço-corpo com que Macunaíma se transfigura na totalidade de um céu-terra a um só tempo real e simbólico, mas a partir daí definitivamente resolvida como universalidade. Em Guimarães Rosa, por fim, é a linguagem inconsciente da mundanidade amorosa do jagunço grafada na imagem cúmplice da paisagem (ela mesma uma forma de linguagem) do *gerais*.

Em todos eles, geograficidade é o tão ser de um ser-tão espacial que com ele e por meio dele o geográfico se torna mundo, seja o recorte de sertão em que o homem estiver.

É este ser-tão um ser regional? Sim, se a escala do olhar for o olhar do ente: regional do *gerais*, de Riobaldo, em Guimarães Rosa; regional do agreste alagoano, do vaqueiro Fabiano, em Graciliano Ramos; regional que a cada movimento se rerregionaliza até por fim para sempre tornar-se universo, no Macunaíma migrante de Mário de Andrade. Não, se a escala do olhar for o olhar do ser: o infortúnio do brasileiro diante da universalidade do latifúndio-sustentáculo nacional de uma elite que se transmuta para que nada nunca mude e a sociedade caia eternamente mergulhada na "mesmidade do mesmo", mesmo quando o espaço-tempo já não é mais o mesmo.

Notas

Este texto é a reunião de dois trabalhos desenvolvidos na linha da relação da geografia com a literatura de ficção e publicados respectivamente em 1992 e 1996.

[1] Meu desejo de retomar um velho projeto – de dar vida geográfica à literatura do romance, ou seja, de analisar a literatura à luz da geograficidade – foi materializado em palestra realizada no CEUA/UFMS, *campus* de Aquidauana, em 1990, sobre as relações entre Geografia, Literatura e História, e amplificado em palestra proferida em evento promovido pela AGB-Niterói em 1996, desta vez centrada em *Grande sertão: veredas*, de Guimarães Rosa. Retomo, assim, aquelas palestras e busco pôr em tela o sentido de geograficidade que está presente em suas falas, clarificando o conceito.

[2] Transcrito de fita, reescrita pelo autor, de palestra realizada no CEUA/UFMS em 26/6/1990 no Projeto de Interdisciplinaridade entre Letras e Geografia. Originalmente foi publicado nos *Cadernos Interdisciplinares*, número 1, ano 1, do Departamento de Letras e Departamento de Geografia do Centro Universitário de Aquidauana, Universidade Federal do Mato Grosso do Sul, onde recebi a acolhida carinhosa dos colegas Luiz Carlos Batista, do Departamento de Geografia, e Alda Maria do Couto Ghisolfi, do Departamento de Letras.

[3] Reconstituição de exposição feita na mesa-redonda "Geografia – ciência ou arte?", realizada em 29/11/1995 no I Seminário de Geografia e Arte, promoção da AGB-Niterói. O texto foi originalmente publicado na *Revista Fluminense de Geografia*, número 1, julho de 1996.

A IDENTIDADE E A REPRESENTAÇÃO DA DIFERENÇA NA GEOGRAFIA

A identidade eliminou o espaço. A diferença o ressuscita. Retorno do espaço e, então, fim e reinício da dialética? Creio poder dizer ser esse o tema deste texto, que poderia ter por título o ardil da identidade e a dialética da identidade-diferença na geografia, pois disso se trata.

Os termos

O pensamento dialético conheceu uma complicação inesperada no final do século XX: a reação da diferença. Substituída pela diversidade e assim dissolvida como unidade no interior da contradição, a diferença foi banida do mundo. O apelo dos manifestantes do "maio de 68" pela diferença ("viva a diferença", dizia-se) expôs essa contradição de pensar os contrários sem percebê-los como diferença, e declara finda a vigência do pensamento dialético (ou do que se entendia por tal).

Do *Manifesto diferencialista*, de Lefebvre (1970), e da *Gramatologia* (1973) e *A escritura e a diferença*, de Derrida (1971), à *Diferença e repetição*, de Deleuze (1988), a diferença faz seu movimento de reentrada no mundo, num volver de contradança com a identidade que aqui refaz, com Lefebvre, e ali suprime, com Derrida e Deleuze, do mesmo mundo dessa vez a presença da dialética.

As aventuras da diferença

A contradança entre a diferença e a identidade que assim restabelece (seria esse volteio uma dança verdadeira?) a dialética, se explica na dívida da filosofia, denunciada por Nietzsche (e que diferença e dialética compartilham em comum), com a tradição platônica. Nietzsche se refere à separação entre a aparência sensível e a essência inteligível de Platão, a partir da qual toda a filosofia se desenvolve.

Todavia, não é claro o que se entende por diferença. E não é o mesmo o entendimento. Pensam-na de modo distinto Heidegger e Deleuze (Laruelle, s/d; Vatimo, 1988), a filosofia e as ciências humanas (Dosse, 1993).

A reflexão sobre a diferença inicia-se com a diferença ontológica, de Heidegger (1988), entendida como a relação de distanciamento entre o ser e o ente. Uma relação de irredutibilidade do ser no ente, que se traduz como ausência-presença.

De Heidegger, a diferença desloca-se para os franceses, entre os quais muda de conceito e vai configurar-se como uma filosofia da diferença. Entre seus fautores estão Derrida e Deleuze. Em Derrida, diferença é "desenvolvimento da diferença", um diferindo, isto é, diferença que produz diferença, no que se distancia da irredutibilidade radical de Heidegger, na qual Derrida vê ainda uma concessão à metafísica. Já em Deleuze a diferença é o simulacro (no sentido da falsa cópia de Platão). O não mimético. O não confundido com a semelhança. O não mediado pela representação (a analogia, a oposição, a repetição) que leva a diferença a desaparecer na identidade. Diferença é diferença da identidade e da semelhança, o algo posto de fora das articulações do sensível e do inteligível, o que se relaciona ao movimento do devém-revém do mesmo de Nietzsche.

Quando o tema da diferença migra da filosofia para as ciências humanas, o seu entendimento de novo muda, para tornar-se o tema da alteridade e, assim, da multiculturalidade, do corpo, do gênero, da segmentação social, da etnia. Diferença virando a diferença entre entes, sem nenhuma ou com longínqua ligação com a questão ontológica da relação do ser e ente que anteriormente se viu. Uma alteração imputada à questão da multiplicação da presença do sujeito nas ciências humanas, vamos entender assim.

As desventuras da dialética

A dialética relaciona a diversidade e a unidade. E sua ênfase é a negatividade (a negação da negação), processo entendido como a superação da contradição dos opostos; ultrapassagem (*aufhebung*) e não supressão, que junta a diversidade e a unidade no concreto (a unidade do diverso).

De Platão a Hegel (e a Marx), a forma e o movimento da dialética não são entendidos, tal como vimos acontecer na relação entre os filósofos e a diferença, de um mesmo modo (Röd, 1974; Bornheim, 1977). Mas na longa marcha de sua história o que se enraiza como dialética no imaginário popular é o prevalecimento da unidade sobre a diversidade, apresentado inclusive como o escopo da dialética. E o consequente esvaziamento da diferença através da supressão da diversidade em benefício da unidade. Um problema que acontece no interesse da política (a unidade ao redor do programa), não da filosofia, veremos.

Nosso entendimento é que esse esvaziamento da diversidade é o problema da diferença na dialética e da dialética da diferença.

Não chega a se estabelecer um sistema de dialética em Platão, que a retira, sabe-se, de Heráclito. Platão concebe a aparência sensível como uma cópia, uma relação mimética com a ideia, um simulacro, imagem ilusória, irreal e imperfeita da essência ideal. A aparência não sendo real, não há um movimento entre o sensível e o inteligível que dê no conhecimento. O conhecimento é um movimento dado no interior do mundo do inteligível, numa ascendência rumo à inteligibilidade superior, o bem, sendo daí que, numa dialética descendente, na volta ao sensível se pode explicá-lo.

Kant põe a relação sensível-inteligível noutros termos. Compreende o mundo sensível como o aparecimento do fenômeno e o vê organizado pelo entendimento. Kant, entretanto, não vê a sensibilidade e o entendimento como par dialético.

É com Hegel que a dialética aparece concebida cabalmente. Se em Kant a dialética é uma filosofia da experiência sensível ordenada pelo entendimento (é uma dialética transcendental e próxima da fenomenologia da diferença), em Hegel é uma filosofia da experiência da consciência. É o movimento da consciência, expresso na relação sujeito-objeto em busca de sua superação como opostos na forma do sujeito-objeto idênticos (isto é, a autoconsciência) e é isso o processo dialético.

Sob essa forma chega a Marx. E à famosa inversão materialista.

A diferença e a dialética

Não é na direção da dialética que se aponta a diferença em Heidegger e nos filósofos franceses. Todavia, provavelmente esteja no esquecimento da diferença, via esvaziamento da diversidade, a raiz da positivização que a dialética sofre pós-Marx, denunciada tanto nos anos 1920 por Korsch, Bloch e Lukács, quanto pelos frankfurtianos nas décadas seguintes, que tentarão fazer o resgate do percurso original da dialética. Os exemplos são *Marxismo e filosofia,* de 1923, de Korsch (1977), e *A dialética do esclarecimento,* de 1944, de Adorno e Horkheimer (1985), sem esquecermos de toda a obra de Walter Benjamin.

Seja como for, vemos que a afirmação de uma é a condição da revitalização da outra, como o demonstram as críticas à dessubstancialização da negatividade dialética, dita em nome da diferença, do pós-moderno, de Habermas (1990), Jameson (1997b) e recentemente Malik (1999).

A representação científica e o problema da dialética da diferença

É sobretudo às formas modernas de representação que se atribui o retraimento à florescência da diferença (diríamos, da dialética). Em grande parte, porque a representação é uma *adaequatio*. Entretanto, reside aqui a possibilidade da construção da dialética da diferença e da identidade.

O processo é conhecido. As informações sensórias que convergem para a mente são transformadas por esta em uma imagem perceptiva. A seguir, numa sucessão de transfiguração sequencial de imagens (num movimento de imagêns, a exemplo do mural pop *Marilyn Monroe*, de Andy Warhol, de 1962), uma imagem metamorfoseia-se noutra, e noutra, e noutra a partir da reapresentação (nome e estatuto real da apresentação) da primeira, num movimento de repetição infindo. Daí que a representação define-se como uma combinação de ausência-presença, o que a aproxima do processo filosófico da adequação. Apoiada na observação e na descrição, e, portanto, na conversão da imagem na fala (o visto da observação no dito da descrição), e no retorno da fala à imagem, a representação tudo enquadra numa dialética de múltiplo e uno. E surge neste ponto o problema da diferença e sua relação com a identidade.

Exploremos o exemplo da ciência. Na representação científica, o veículo da relação da diferença e da identidade é o processo da classificação. Trata-se de um processo de método calcado na comparação e na semelhança. No método da classificação, primeiro se compara, a seguir se ordena e por fim separa-se e agrupa-se os fenômenos por semelhanças. Nesse passo, a diferença vira uma categoria do método da comparação, a diferença separando e a semelhança juntando, até que numa interação dialética que mal disfarça um jogo da lógica formal, surgem os grupos de identidade. A identidade prevalece pela supressão da diferença. Por isso fazer ciência era descobrir identidades. Não diferenças. Assim também se fez com a diversidade dentro da unidade dialética. A verdade é que suprimida a diversidade, não há dialética, mas puro jogo de lógica formal.

Suspensa e deixada entre parêntesis na representação, a diferença/diversidade cai no esquecimento, desfigurando-se a/na dialética.

Foucault localiza no que vimos o que designa de representação clássica, a fase da representação que vai de Aristóteles a Kant, vendo no século XVIII o nascimento de uma representação moderna na qual o conhecimento se faz de uma forma inteiramente distinta daquela relacionada à classificação, uma vez que agora intervém o conceito (Foucault, 1985). Do ponto de vista da diferença, deu na mesma.

Deleuze condena essa epistemologia justamente por burlar a ontologia ao suprimir a diferença na repetição e na identidade. Já Lefebvre repreende os marxistas por inobservarem o jogo da representação e mesmo confundi-la com a ideologia (Lefebvre, 1983), daí não emprestarem também qualquer importância à diferença (Lefebvre, 1970).

A diferença geográfica

Não devemos estranhar a semelhança desses procedimentos com os da representação na geografia. A observação e a descrição geográficas cumprem precisamente a tarefa descrita, a geografia agindo como uma forma tipicamente clássica (no sentido foucaultiano) de representação (Moreira, 1997b).

Ademais, acompanhando as ciências humanas, não é também de estranhar que o tema da diferença diste na geografia mais ainda do sentido ontológico dado por Heidegger ao termo, caminhando para ser um discurso da diferença entre os entes, sem o ser.

A geografia faz sua *adaequatio* numa combinação do heterogêneo e do homogêneo, em que o heterogêneo é transfigurado na unidade do homogêneo. Do mesmo modo como na representação geral, aqui a diferença dá lugar à identidade, a identidade aparecendo como propósito e fim da representação. Na geografia, a prevalência é do homogêneo sobre o heterogêneo, não por acaso popularizando-se como um discurso da identidade. E pela mesma mediação da semelhança.

Sucede que a geografia viveu a experiência da diferença, via conceito de diferenciação com Hettner.

Tomemos Hartshorne por base. Reportando a Hettner, vemos com ele que geografia é diferenciação (Hartshorne, 1978b). A formulação foi criada por Hettner por volta de 1905, considerando a diferenciação de áreas, não de regiões, o objeto de estudo da geografia. A tradição remonta à geografia especial, de Varenius, no século XVI, desemboca na teoria da individualidade regional, de Ritter, nos séculos XVIII-XIX, na geografia regional de La Blache, nos séculos XIX-XX, chegando assim a Hettner e hoje à espacialidade diferencial de Lacoste (sendo, de resto, uma reiteração do senso comum, ao qual o geógrafo empresta uma fórmula teórica).

Diferenciação e heterogeneidade, tais são os termos da diferença na geografia. Diferenciação de áreas. Heterogeneidade dos elementos compósitos da constituição da área. Identidade e homogeneidade podendo ser vistas como pares dialéticos, nada o impede.

Todavia, perdeu-se, com Hettner, uma ótima oportunidade de centrar-se a geografia em (ou fazer-se da geografia uma ciência de) um olhar dialético de identidade e diferença no trato da superfície terrestre.

O papel de mediação da semelhança na geografia é feito pela similaridade, "uma simples generalização na qual as diferenças consideradas de menor relevância são postas de lado, e realçadas as que forem julgadas de maior importância" (Hartshorne, 1978b: 18). Uma categoria-chave, portanto, do método da classificação geográfica. Estaria totalmente errado David Grigg ao tomar a região como um puro esquema de classificação (Grigg, 1973)?

Diferença e semelhança não são, pois, opostos entre si. E diferenças não são contrastes. Diferença é variação, diferenciação quase ao nível do diferendo de Derrida.

É a variação de uma mesma categoria de fenômeno na superfície terrestre (o clima, por exemplo) que conduz à diferenciação de áreas (diferenciação no sentido do que produz diferença), enfatiza Hartshorne.

E é esse caráter de variação de um fenômeno na superfície terrestre, dando na diferenciação de áreas – o clima terrestre se diferenciando e se estruturando em áreas –, o que distingue a geografia de um catálogo organizado ou uma enciclopédia de fatos sobre diversos países, errando, pois, quem acha que a geografia se limita a separar e distinguir áreas, a estabelecer diferenças entre uma e outra área ou a fazer a mera descrição de uma área, como foi questionado por Lacoste em sua crítica da região como um conceito-obstáculo (Lacoste, 1988), uma vez que diferenciação é variação, e essa diferenciação por variação pela superfície terrestre é por excelência o tema geográfico.

A variação incorpora metodologicamente a demarcação e a interação espacial (as conexões ou relações causais determinadas pelo movimento territorial de fenômenos, como a água, o ar, os fragmentos de resíduos sólidos, e os animais entre as áreas), mas com elas não se confunde.

Na verdade, a interação é ela mesma no fundo um modo de manifestação da variação, um seu outro no plano de qualidade. Um modo de manifestação que remete ao duplo da diferença geográfica (a diferenciação e a heterogeneidade). É o que se deduz da observação de Hartshorne:

> As conexões ou relações causais entre os fenômenos da geografia, conforme observou Hettner em 1905, são de duas espécies: as relações mútuas que existem entre diferentes fenômenos, num mesmo lugar, e as relações ou conexões entre fenômenos diferentes. Ora, "[...] as variações de características estáticas, ou formas, e as variações de características de movimento, ou funções, quer na mesma área, quer entre ela e outra área, incluem-se, ambas, no conceito de variação espacial ou diferenciação entre áreas". (Hartshorne, 1978b: 20)

De modo que heterogeneidade ("relações mútuas que existem entre diferentes fenômenos, num mesmo lugar", que são "variações de características estáticas, ou formas") e diferenciação ("relações ou conexões entre fenômenos diferentes", que são "variações de características de movimentos, ou funções") identificam-se ao tempo que se distinguem. E levam a que conteúdo de áreas (a estrutura compósita, vinculada com a heterogeneidade) e relações de espaço (as conexões das variações, vinculadas com a diferenciação) entre si se distingam. Razão porque Hettner condena "serem as relações do espaço consideradas como parte essencial da geografia, em detrimento das diferenças de conteúdo das áreas", um "exagero, pelo qual considera Ratzel parcialmente responsável" (Hartshorne, 1978b: 21).

A identidade e o fim do espaço

Mas a história da geografia optou pela identidade. E, de certo modo, impossibilitou-se de pensar como espaço, sepultado embaixo do traço unitário da identidade.

A região é o exemplo clássico (outro exemplo é o espaço nacional). Sobretudo se considerarmos que na representação geográfica (ou da geografia como uma forma de representação) o conceito de região foi o meio pelo qual a diferença geográfica virou identidade.

Referindo-se aos atributos conceituais da região, Whittlesey fala da homogeneidade e coesão. Homogeneidade "em termos de critério de sua definição". Coesão por conta da relação de integração. Whittlesey está referindo-se a uma "característica unificadora" que "pode ou não ser estabelecida explicitamente" e uma "correspondente relação de área entre fenômenos" (Whittlesey, 1960). Considerando-se que Whittlesey resume nessa fala o pensamento dos geógrafos norte-americanos levantado numa enquete que realiza nos Estados Unidos nos anos 1940-1950, tem-se uma medida do caráter universal desse entendimento na geografia norte-americana e em geral na geografia mundial (a exceção correndo provavelmente por conta de Hettner, envolvido na polêmica acerca da dialética transcendental do mestre, entre os neokantianos do seu tempo).

Expressando a ideia da representação consensualizada, Whittlesey fala de "uma consciência regional", de "uma forma de consciência de grupo, oriunda de um senso de homogeneidade da área" (Whittlesey, 1960: 26).

Wooldridge e East falam de "um todo organizado", referindo-se à região-cidade, a região funcional (já em evidência na Inglaterra dos autores), e de "uma unidade substancial que a tudo permeia", a propósito da região física (os autores, geógrafos físicos, estão polemizando em torno da verdadeira região), corroborando as asserções correntes no pensamento geográfico acerca da região como a constituição identitária do espaço (Wooldridge e East, 1967: 155).

E, mais recentemente, Gomes reporta a um ato subjetivamente constitutivo da região, cujo "objetivo final é encontrar para cada região uma personalidade", uma procura, paradoxal dir-se-ia, de fazer da região "uma forma de ser diferente e particular" (Gomes, 1995: 56). E bem ainda, desta vez citando Bassand e Guindani, da região como "um quadro de referência na consciência das sociedades", "uma teia de significações de experiências", "um código social comum", a busca condutora de uma "solidariedade territorial" (Gomes, 1995: 57).

O fato é que a região espelha-se numa imagem, a imagem escolhida para ser a referência homogeneizante (daí chamar-se região uniforme ou homogênea) e, assim, da identidade regional (a seca, no nordeste brasileiro, por exemplo), enfim.

A reafirmação do espaço-diferença

Suprimida a diferença, morre a interação e, então, a dialética e o espaço. Eis o que hoje se esclarece.

Talvez porque no século XX a região tenha sido substituída pela rede (Moreira, 1997b), esse todo onde a diferença (re)aparece, na forma do lugar (Santos, 1996), trazendo o espaço de volta e recolocando os termos da representação geográfica. Daí o alçamento do espaço a uma principalidade da reflexão no presente, justamente quando o pensamento chamado pós-moderno redescobre a diferença. Fato é que se a identidade suprimira o espaço, a diferença o traz de volta e recria.

Mas se a rede encarna a presença da diferença, qual o móvel real da reascensão? Que é hoje a diferença geográfica? Quais suas formas e seu modo de aparecimento? E qual é diante dela a tendência da forma de representação cartográfica?

O ponto de partida é uma mudança em curso na economia política do espaço, que vamos localizar na nova forma de relação que se estabelece entre as esferas da circulação e da produção em consequência da emergência do capital rentista à posição hegemônica do presente, alterando a forma-valor, a forma do trabalho e o quadro dos sujeitos da história. A diferença relaciona-se, assim, à polissemia da forma-valor, do trabalho e, sobretudo, do sujeito que então aparece como categoria e realidade empírica junto a essa emergência do rentismo.

Ouçamos Lefebvre. E o seu conceito do espaço como uma categoria-chave da reprodução do capital (Lefebvre, 1973). Lefebvre está respondendo a uma pergunta que se faz, retomando a indagação de Rosa Luxemburgo sobre a reprodução do capital na fase do imperialismo, em 1913, sobre o que conduz e propicia a reprodução do capital na conjuntura de um mundo inteiramente unificado numa escala global do espaço. E encontra a resposta na reprodução do espaço. A reprodução das relações sociais de produção, que sempre se fizeram pela reprodução do espaço, disso depende ainda mais fortemente agora. O que hoje garante a reprodução do capital, pergunta? A reprodução do espaço, responde.

Mais precisamente, a escala de espaço, concordando com o modo como Soja interpreta Lefebvre (Soja, 1993). Mas escala vista como relação recíproca das esferas da circulação e da produção sob o mando do capital rentista.

A hipótese é que encontramo-nos hoje num momento parecido com o da passagem do período de hegemonia do capital mercantil (período da subsunção formal) para o de hegemonia do capital industrial (período da subsunção real), estudada por Marx no Capítulo VI, inédito (Marx, 1975), hoje isso se dando com a passagem da hegemonia do capital industrial para o capital rentista. Esse tema foi estudado em outros textos, para os quais remeto o leitor (Moreira, 1998a, 1998b e 1999a).

O dado essencial é que o capital rentista atua por meio da securitização da economia. Isto é, da vinculação da moeda, do crédito e do patrimônio a um processo de endividamento generalizado do Estado, empresas e consumidores sob seu controle e domínio, acumulando por meio do financiamento especulativo desse endividamento (Braga, 1998). Isso introduz uma mudança na forma valor, na forma do trabalho e na forma dos sujeitos que hoje se embatem contra o capital.

Lefebvre já analisava esse fenômeno em 1973. Diz ele:

Acontece que o capitalismo conseguiu atenuar (sem as resolver) durante um século as suas contradições internas, e, consequentemente, conseguiu realizar o crescimento durante esse século posterior a *O Capital*. Qual o preço disso? Não há números que o exprimam. Por que meios? Isso sabemo-lo nós: ocupando o espaço, produzindo um espaço. (Lefebvre, 1973: 21)

Páginas antes tendo dito:

> É nesse espaço dialetizado (conflitual) que se consuma a reprodução das relações de produção. É neste espaço que produz a reprodução das relações de produção, introduzindo nelas contradições múltiplas, vindas ou não do tempo histórico. (1973: 19)

Mas reprodução em escala ampliada do espaço:

> Desta análise resulta que o lugar da reprodução das relações da produção não se pode localizar na empresa, no local do trabalho e nas relações do trabalho. A pergunta proposta formula-se assim em toda a sua amplitude: onde se reproduzem estas relações? Não é apenas toda a sociedade que se torna o lugar da reprodução (das relações de produção e não já apenas dos meios de produção): é todo o espaço ocupado pelo neocapitalismo. (1973: 93)

O neocapitalismo, eis a questão. E o fator-chave é o desenvolvimento das forças produtivas:

> As forças produtivas permitem que os que dela dispõem disponham do espaço e venham até a produzi-lo. Essa capacidade produtiva estende-se ao espaço terrestre e transborda [...]. (1973: 95-6)

Um dado que Lefebvre chama de a "troca entre a temporalidade e a espacialidade do capitalismo", na senda de Mandel do capitalismo tardio (Mandel, 1982), di-lo Soja.

Soja resume nestes termos a mudança:

> No capitalismo contemporâneo (deixando de lado, por ora, a questão da transição e da reestruturação, suas causas, seu momento, etc.), as condições subjacentes à continuação da sobrevivência do capitalismo se modificaram. A exploração do tempo de trabalho continua a ser a fonte primordial da mais-valia absoluta, mas dentro dos limites crescentes que decorrem da redução na duração do dia do trabalho, dos níveis mínimos de salário e dos acordos salariais, e de outras conquistas da organização dessa classe trabalhadora e dos movimentos sociais urbanos. O capitalismo foi forçado a deslocar uma ênfase cada vez maior para a extração da mais-valia relativa, através das mudanças tecnológicas, das modificações na composição orgânica, do papel cada vez mais evasivo do Estado e das transferências líquidas do excedente, associadas à penetração do capital em esferas não nitidamente capitalistas de produção (internamente, através da intensificação, e externamente, através do desenvolvimento desigual e da "extensificação" geográfica para regiões menos industrializadas do mundo inteiro). Isso exigiu a construção de sistemas totais, a fim de garantir e regular a serena reprodução das relações sociais de produção. (Soja, 1993: 111)

Neocapitalismo e não capitalismo se combinando. Soja enriquece Lefebvre e torna o âmbito do renascimento e o novo formato da diferença mais claro.

E Chesnais nestes:

> O problema, já a esse nível, é que a liberalização e a desregulamentação, combinadas com as possibilidades proporcionadas pelas novas tecnologias de comunicação (ver quadro 1) decuplicaram a capacidade intrínseca do capital produtivo de se comprometer e descomprometer, de investir e desinvestir; numa palavra, numa propensão à mobilidade. Agora, o capital está à vontade para pôr em concorrência as diferenças no preço da força de trabalho entre um país – e se for o caso, numa parte do mundo – e outro. Para isso, o capital concentrado pode atuar, seja pela via do investimento, seja pela da terceirização. (Chesnais, 1996: 28)

O fato é que a mudança da escala muda a qualidade das relações na história (Haesbaert, 1993). E a combinação entre escala, regulação e mobilidade para a qual a hegemonia rentista caminha permite que este reinvente o valor e o trabalho (penetração do capital em esferas de produção nitidamente não capitalistas, "por intensificação e extensificação geográficas", no dizer de Soja) e promova e traga para o cenário dos embates da história sujeitos antes postos à margem – a exemplo dos sujeitos do não capitalismo, da referência de Soja (um tema caro a Rosa Luxemburgo) – criando o novo espaço da diferença, forte e valorizado para acima dos espaços de identidade.

Desse modo, camponeses, famílias urbanas, comunidades indígenas, pesquisadores científicos, profissionais autônomos, transformados em formas proletarizadas, numa interpretação livre do dizer de Lefebvre, para o qual "a classe operária distingue-se do proletariado mundial, este inclui também os camponeses arruinados", e assim produtores de valor não capitalista em produtores de valor para o fim da acumulação capitalista (seria isso a expropriação de renda ao pequeno produtor rural, realizada atualmente em escala multiplicada?), são esses os protagonistas da diferença, as novas classes que emergem nos embates.

E isso de quatro distintas maneiras: 1) a primeira é a que Raffestin denomina de TDR (Raffestin, 1993): o exercício franco e quase sem bloqueios da relocalização (melhor talvez dizer translocalização) do capital rentista; 2) a segunda, derivada da primeira: a securitização da economia e da sociedade, que vimos anteriormente; 3) a terceira, igualmente desdobrada da primeira: a conversão de comunidades (o não capitalismo), tidas não faz tempo como estorvo aos avanços territoriais do capitalismo e por isso sumariamente proscritas da história, sob mil ardis e maneiras, em atores da esfera da produção, ensejando a presença de suas formas de valor não fabris na esfera da acumulação capitalista ao lado da mais-valia e do valor fabris; 4) e, por fim, a quarta é a aplicação da terceirização e da subcontratação a essas formas proletarizadas, observada por Chesnais.

Lefebvre resume essas quatro maneiras em poucas palavras, ao dizer, comentando a relação de dissolução, substituição e (re)criação que o capital estabelece com populações onde chega em sua expansão rumo à escala planetária global, que "o capitalismo não subordinou apenas a si próprio setores exteriores e anteriores: *produziu* setores novos transformando o que preexistia, revolvendo de cabo a rabo as organizações existentes" (Lefebvre, 1973: 95).

Polissemização do valor, do trabalho e do sujeito, abrindo para o (re)surgimento de toda uma pletora de formas de diferença até então escondidas pelos/nos espaços da identidade capitalista (região, território nacional etc.) e estancada pela principalidade do embate entre as classes sociais do mundo da indústria. E então: diferenças sociais (Touraine, 1994), de corpo (Foucault, 1977), de gênero (Pierucci, 1999), de alteridade (Todorov, 1993), de multiculturalismo (Ortiz, 1994).

Diferenças do ente. Unidade do ser. Aparecimento do homem social como a *adaequatio* do ser e do ente. Também poderíamos dizer.

A dialética da identidade-diferença na geografia

Diferença ou dialética? Antes do mais, dialética da diferença. Diferença dialética como conteúdo concreto. Não diferença como mediação da identidade, pura categoria do método da representação. Diferença concreta.

Mas, sobretudo, reafirmação do sujeito da/na história (Touraine, 1994). Sujeito que se polimorfiza na diferença. E diferença que se reafirma no/como sujeito. Mas também morte do sujeito universal, diante do (re)nascimento do sujeito múltiplo. Morte e nascimento do sujeito, dialeticamente juntos.

Dialética antes do mais, pois. E por isso reafirmação da história feita por sujeitos. Agora, fruto do devém-revém da cadeia da reinvenção dos próprios termos da história: reinvenção do trabalho, do valor-trabalho, do mundo do trabalho e, assim, dos seus sujeitos. Portanto, diferenc(i)ação da forma-valor, indicativa da pluralização (não fim ou descentração) dos sujeitos.

E diferenças geográficas (mesmo que não olhadas pela geografia como diferenças). Porque geografia de um espaço polissêmico, espaço-produto de um sujeito polissêmico. Por isso, fim da geografia da identidade (do tipo região) e emergência da geografia da diferença.

O problema é como conjugar identidade-sujeito-diferença numa geografia mal saindo de uma cultura centrada na identidade. Sem que se dê com a identidade o que a cultura identitária fizera com a diferença, isso significando precisamente a necessidade de trazer a geografia para a reflexão dialética da identidade e da diferença.

Dialética, pois. E filosofia. Diferença não como mesmidade da essência-valor (mas, então, uma ontologia e não uma economia política da diferença!). E o impasse a passar-se do ôntico ao ontológico (afinal, o valor não seria ainda o ser, e mesmo o trabalho, embora valor e trabalho conduzam à existência, o determinado), o que indaga sobre o estatuto de diferença das novas diferenças geográficas.

Ontologia, portanto. Mas abrir para a ontologia é se dar conta do impasse que a geografia compartilha com a totalidade das ciências, mas, no caso da geografia, derivado, creio poder afirmar assim, do conceito de espaço separado, externo, universal, na verdade dessensibilizado, do homem com que a geografia trabalha: é possível uma ontologia geográfica recortada num conceito cartesiano de espaço, uma categoria que, não portando consigo o homem, é incapaz de explicá-lo (Moreira, 1999b)? Sendo essa a verdadeira contradição espacial, o resto são contradições no espaço. Silva já se indagava pioneiramente do problema ontológico do espaço: o que é o ser do espaço (Silva, 1986)?

E, no entanto, é a geografia a forma de saber capaz de por sua episteme oferecer uma saída dialética à diferença (seria um acaso Deleuze e Guattari anunciarem um projeto de fundar uma geografia objetável à história no *Mil platôs*?).

A solução já é imanente: a geografia de um espaço que pode ser pensado como a coabitação tensa da diferença e da unidade. George fala da situação (o balanço dos freios e dos aceleradores), inaugurando num passado recente a Geografia Ativa (George, 1973b). Brunhes fala da distribuição sobreposta à localização (os cheios e vazios das distribuições), num tempo mais recuado (Brunhes, 1962). Santos fala do lugar como unidade-diferença do mundo: as horizontalidades e verticalidades do lugar (Santos, 1994 e 1996). Harvey fala da passagem do ser para o dever ser a propósito do pós-moderno (Harvey, 1992). E já se vislumbram as reflexões de uma geografia da diferença em Soja (1996) e Harvey (1996).

Portanto, imanente numa geografia de movimentos e não movimentos, importando a dialética do flagra, o momento do corte da espessura do espaço naquilo que o olho queira olhar: a diferença e a identidade da semelhança, o devém e o revém do suceder, nunca a dissolução identitária do um no/ou do outro. Aqui entra Lacoste (1988). Porque se trata de fazer dialogar a dupla direção do olhar: da identidade para a diferença, da diferença para a identidade. De reatar a dialética das significações múltiplas: do significado que também é significante, da identidade que também é diferença, da ausência que também é presença, do homogêneo que também é heterogêneo.

Dito de outro modo: de fazer realizar o "diálogo multidimensional", contrapondo do "diálogo horizontal" e "diálogo vertical", expressões de Raffestin ditas a propósito da pergunta que se faz sobre o que é o local confrontado com o central:

> Visto do centro, é muito pouca coisa: um agregado de particularidades, de hábitos e costumes que constituem outros tantos obstáculos a uma uniformização. Visto do "local", é muito, pois é a territorialidade cristalizada, ou seja, a significação da vida cotidiana. (Raffestin, 1993: 183)

E assim, de articular com o olhar os "espaços da conceituação" ditados pela subjetividade do olho, numa leitura livre do conceito de espacialidade diferencial de Lacoste (1988). Portanto, de rever o modo de ser representação em geografia (tema a que voltaremos num trabalho futuro), num modo que combine heterogêneo e homogêneo sem que a diferença desapareça na homogeneidade-identidade por um puro ardil formal da razão.

Nota

Texto publicado originalmente em *GEOgraphia*, ano I, número 1, 1999, revista do Programa de Pós-Graduação em Geografia da UFF.

SOCIABILIDADE E ESPAÇO: AS SOCIEDADES NA ERA DA TERCEIRA REVOLUÇÃO INDUSTRIAL

Ao terminar a *Estética*, obra com a qual tenta equacionar problemas do marxismo do século XX, surgidos em decorrência, dizia, da positivização de Marx, Georg Lukács viu-se na necessidade de completá-la com uma obra alentada sobre a ética. Para tanto, vai, sem nenhuma preocupação com a distinção traçada pelos exegetas que dividiam a literatura marxiana em obras do jovem e obras do velho Marx, buscar os fundamentos de uma ética marxista nos textos de cunho mais filosófico, debruçando-se particularmente no *Manuscrito de 1844*. Aí, descobre uma ontologia, deixada nas suas iniciações por Marx, que urgia desenvolver até seu estado maduro, antes de empreender o trabalho sobre a ética.

A releitura do *Manuscrito* com esse fim, leva-o à busca da formulação de uma nova categoria teórica capaz de adequar o conceito do trabalho à realidade dos modos de produção do presente, nascendo o seu conceito de sociabilidade (Silva Júnior e González, 2001; Lessa, 1997).

Coincidindo com a crítica de Sartre, exposta no livro com que este adere ao pensamento marxista, *Crítica da razão dialética*, sobretudo a afirmativa de que "o ponto frágil do marxismo segue sendo a teoria do conhecimento", Lukács retoma os textos ontológicos de Marx, nos quais visa buscar, também, alternativas a uma preocupação de ordem geral com o pensamento, que supõe poder solucionar com o marxismo, justamente no campo da teoria do conhecimento (Lukács, 1979). Incomoda-o em particular a separação estabelecida entre as ciências naturais, as ciências humanas e as humanidades (letras, arte etc.), a esta altura transformadas em três culturas separadas em si e por isso do homem. E isso porque essa fragmentação avança por dentro do próprio marxismo, numa positivização que em *História e consciência de classe*, de 1922, Lukács já havia entendido ver na *Dialética da natureza*, portanto em Engels.

Daí trazer para o centro do conceito da sociabilidade justamente a concepção de homem e natureza desenvolvida por Marx no *Manuscrito*, seja para dar conta das questões filosóficas e práticas que o incomodam no campo do marxismo, seja para aprofundar a crítica do pensamento ocidental, cujas questões analisa desde suas obras iniciais.

Lukács chega a esse conceito no mesmo momento, mas numa direção oposta, em que a intelectualidade, plural em suas origens e ideologias, chega ao conceito de meio ambiente e ao movimento político que engendra com base neste. Uma investigação à parte seria o motivo dessa preocupação comum e ainda da diferença do conceito e do enfoque então dado por Lukács e pelos ambientalistas sobre a natureza e seu modo de presença na organização societária da sociedade capitalista do presente.

O propósito deste texto é situar no conceito da sociabilidade as proximidades com conceitos da teoria geográfica, em particular os conceitos de gênero de vida e de meio técnico, e incorporá-la à reflexão sobre as formas novas de espaço geográfico que se avizinham.

A sociabilidade, o gênero de vida e o meio técnico como teorias socioespacias

A sociabilidade é um conceito que faz lembrar o de gênero de vida, de Paul Vidal de La Blache, e de meio técnico, de Milton Santos, e se aproxima deles particularmente por intermédio de três componentes essenciais que esses três conceitos têm em comum: o meio, a cultura técnica e a regulação institucional. O modo como esses três componentes estruturantes aparecem e se articulam difere aqui e ali nos três conceitos.

A sociabilidade

A sociabilidade é o todo societário formado pela integração das esferas da vida humana pelo metabolismo do trabalho e cujo conteúdo é o salto de qualidade da história natural da natureza (em que se inclui o homem-natureza) para a história social (em que a "primeira natureza" se transfigura em "segunda natureza") que ocorre com o homem. Seu centro é, assim, o trabalho ontológico, isto é, o trabalho visto como processo de formação do homem na história, segundo a concepção desenvolvida por Marx.

Duas formas essenciais de mediação amarram essa integração em seu sentido ontológico. A primeira é realizada pela fotossíntese. A fotossíntese é o processo metabólico que se dá entre as esferas inorgânica e orgânica ao redor da formação da vida no planeta. A segunda é realizada pelo trabalho social. O trabalho é o processo metabólico, já prévia e parcialmente realizado pela ação da fotossíntese, que se dá entre as esferas inorgânica, orgânica e humana de transformação do homem de parte da natureza em homem socialmente definido.

O homem é o fenômeno comum aos dois metabolismos: no primeiro surge como espécie e, no segundo, como gênero. O produto final dessas duas formas de metabolismo – o metabolismo da fotossíntese e o metabolismo do trabalho – é, pois, o homem genérico, ou seja, o homem-espécie do mundo natural transformado no homem-genérico do mundo humano e social. Dito de outro modo, o produto é o homem autorrealizado, via transformação da história natural em história social do homem por meio do trabalho. Um movimento *autopoiético*, de vez que o homem atua em todos esses níveis como sujeito e objeto dele mesmo, através de sua presença no processo de transformação recíproca das três esferas entre si e cujo resultado superior é justamente a sociedade humana.

A sociabilidade é, pois, a sociedade humana vista pelo prisma da relação metabólica que integra a esfera inorgânica, a esfera orgânica e a esfera social num todo societário, cujo ponto de coagulação é o trabalho. São essenciais nesse processo os princípios da ideação e da *autopoiesis*. Antes de construir sua sociedade, o homem a pensa antecipadamente. Imagina-a em detalhes, faz-lhe a planta e depois materializa essa ideação em uma casa real. É isto o princípio da ideação. E através do trabalho o homem produz-se a si mesmo, num processo de *autopoiesis*, autoproduzindo-se no sentido integral das relações societárias. Por conta disso, a existência humana é algo feito pelo próprio homem. E são essas características que explicitam a sociabilidade como ontologia do homem e o homem como um ser social.

Os gêneros de vida

O gênero de vida é um conceito criado por La Blache para analisar as formas de organização societária dos espaços anteriores à revolução industrial (Sorre, 1984). Max Sorre, Jean Gottman e Le Lannou aplicaram-no em suas investigações das sociedades urbanas e industriais. E o economista Jean Fourrastié dele parte em suas investigações de como as categorias socioeconômicas de níveis de vida e produtividade intervêm determinando de diferentes modos e em diferentes âmbitos a sociedade industrial moderna.

Sorre observa que o conceito de gênero de vida está habitualmente associado às sociedades de povos coletores, agricultores e criadores que existiram como modos de vida no passado. E diremos existem ainda hoje. Em cada um desses ambientes de vida, os homens estabeleciam uma forma de relação local com o meio ambiente local, mediada por uma cultura técnica nascida das experiências ambientais locais, tudo organizado numa forma de cooperação regulada por regras e normas nascidas também do âmbito histórico do grupo humano local.

Em muitos lugares, esses gêneros de vida simples se entrecruzam e se integram uns com os outros em um gênero de vida misto, dando origem com o tempo aos gêneros de vida complexos que irão constituir muitas das grandes civilizações do passado e as sociedades urbanas e industriais de hoje.

É sob essa forma de um gênero de vida simples ou de um complexo de gêneros de vida que a humanidade, seja na forma de uma pequena ou de uma grande e extensiva comunidade, vive e organiza o ecúmeno terrestre com uso de seus distintos recursos.

O meio técnico

O meio técnico é o conceito com que Milton Santos analisa as sociedades no tempo, dividindo sua evolução em três formas: o meio natural, o meio técnico-científico e o meio técnico-científico e informacional (Santos, 1996).

O meio natural corresponde em Santos aos gêneros de vida, em particular os gêneros de vida mais simples de La Blache. O meio técnico-científico corresponde às sociedades técnicas da primeira e da segunda revoluções industriais, pondo-se para além da época dos gêneros de vida, simples ou complexos, do passado, e já traduzindo a desaparição destes na história. Já o meio técnico-científico e informacional designa as sociedades da fase avançada da segunda e inícios da terceira revolução industrial, isto é, as sociedades do presente.

Essas fases correspondem à história das técnicas e do espaço em suas combinações em formas de organização societária dos homens criadas nos diferentes meios geográficos.

O período do meio natural refere-se ao período em que a forma societária dos homens determina um modo de vida que pouco se distingue das características e elementos do meio natural que o cerca. É o meio técnico das sociedades de coletores, agricultores e criadores dos primórdios da civilização. E que expressa a relação do homem com a natureza por meio do corpo, representando a ausência ou a fragilidade da técnica, e sendo assim conformadora de um espaço de "sistemas técnicos sem objetos técnicos".

O período do meio técnico-científico é o do "espaço mecanizado", em que o componente natural e o componente artificial coexistem e se equilibram aqui e ali de modo mais ou menos instável, do ponto de vista do efeito sobre o meio ambiente. Vêmo-lo como um conceito que corresponde aos gêneros de vida mistos de La Blache e ao momento de desaparição dos gêneros de vida mais simples e arcaicos. É o período em que as lógicas locais dos gêneros de vida dão lugar a uma lógica técnica, dando numa organização de espaço de cunho tecnocientífico.

O período do meio técnico-científico e informacional é o do espaço "das paisagens cientificizadas e tecnicizadas", em que "o componente internacional da divisão do trabalho", já presente no período anterior, ganha expressão de modo de arranjo de espaço dominante, forjando a arrumação das sociedades no âmbito de uma divisão internacional do trabalho posta para além dos limites técnicos anteriores, agora abrangente de praticamente tudo.

De volta ao futuro: a sociabilidade e as tendências das formas do espaço na nova era técnica

O conceito de sociabilidade de Lukács é fruto da sua percepção de que as mudanças em curso na década de 1970 relacionam-se à entrada do capitalismo numa forma de organização tecnoprodutiva nova e diferente daquela que Marx conhecera, e ele mesmo conhecerá, e sua resposta à solicitação de um retorno crítico-reflexivo consequente aos conceitos e às categorias-chave da compreensão da sociedade do capitalismo, que já com a *Estética* vê como uma tarefa urgente e necessária.

Lukács não terá tempo de conhecer essa nova forma de organização (morre em 1971), mas pelos indícios que vê entende referir-se a uma nova forma de relação geral da sociedade criada a partir de uma nova maneira de estruturar o metabolismo do trabalho como base produtiva.

Vejamo-la, pois, no que tange ao essencial.

São núcleos dessa nova fase a engenharia genética – a nova base da força produtiva – e a financeirização – o novo caráter da acumulação – e esses dois aspectos centrais se casam na hora de determinar os termos dessa nova forma geral de sociedade (Moreira, 2002a e 2001; Braga, 1998). O ponto dinâmico é a tecnologia da engenharia genética, a técnica do DNA recombinante, que surge para ser a espinha dorsal das relações societárias e dos processamentos produtivos. Com isso, caduca o modelo segmentado em setores da economia fabril da primeira e da segunda revoluções industriais, que é substituído por um modelo que aglutina os setores primário, secundário, terciário e quaternário num único complexo de organização de produção (de que os complexos agroindustriais seriam já um efeito-demonstração), sob o comando do quaternário, caduca a forma das relações do homem com o meio e caduca todo o quadro societário. Surge assim uma nova forma de sociabilidade capitalista, trazendo para o presente, por tabela, antigas formas de gênero de vida e antecipando uma forma nova de meio técnico.

Lukács se dá conta de que a *Estética* não respondera a essa nova realidade, chama a atenção dos marxistas para a necessidade de uma obra analítico-global capaz de apreender o capitalismo da nova época e intenta ele mesmo realizá-la através da obra planejada sobre a ética. Dificulta-lhe o fato de não poder conhecer o novo modelo de forças produtivas apoiadas na tecnologia da engenharia genética e o novo modelo de acumulação apoiado na financeirização, e de apenas os antever no modo como formula o seu conceito de sociabilidade.

O fato é que nessa formatação de espaço que está por vir, tudo parece indicar um retorno ao modo de organização geográfica multifacético e localmente ambientado dos gêneros de vida do tempo de La Blache, mas fazendo-o no formato de um meio técnico-científico, captado em seu tempo por Milton Santos. E isso por força da presença nuclear da técnica da engenharia genética na construção das novas formas.

A técnica do DNA recombinante permite uma forma de relação das sociedades futuras com a natureza com uma característica a um só tempo radical e curiosa. Em vez da construção de uma civilização material centrada num padrão de produção e consumo de objetos de origem mineral, com todo o efeito devastador sobre as paisagens e o meio ambiente que conhecemos, a engenharia genética tende a levar-nos para uma civilização material construída à base de um padrão de produção e consumo de objetos de origem vegetal e animal, tal qual temos na fase dos gêneros de vida antigos e temos ainda no tempo da primeira revolução industrial. Em vez de espaços especializados e monointensivos, com ela tende-se a espaços de estruturas locais complexas.

Teses como a da biodiversidade e do desenvolvimento sustentável, inspirando novas formas de atitude e percepção da natureza, novas formas de relação homem-meio e novas formas de práticas de arrumação dos espaços rurais e urbanos, já modelizam esse modo de organização do meio geográfico, através de modalidades de formas novas de espaço do tipo reserva extrativista, agricultura agroecológica e pluriatividade, que indicam já estarmos dentro de um meio técnico novo (Santos, 2002; Reijntjes et al., 1999).

Eis o motivo do apelo e da importância que passa a se dar a sociedades dos gêneros de vida como as descritas por La Blache e ainda existentes nos dias atuais, que sobreviveram graças a infindas lutas de resistência à avalanche destrutiva trazida pela divisão territorial do trabalho da primeira e da segunda revoluções industriais, forçando-as a ter de escolher entre incorporar-se em condição subalterna ao processo de acumulação capitalista mundial ou perecer sumariamente na história.

E daí o caráter contraditório que hoje as envolve. De um lado são vistas como comunidades de valor estratégico pelo capital e pela academia, dados os conhecimentos ambientais que têm, fruto da preservação de uma cultura de saberes até faz pouco tomados como atrasados e hoje valorizados diante do surgimento da engenharia genética (um outro nome para a biotecnologia moderna). E de outro são vistas por si mesmas como comunidades com direito a fazer sua própria história e decidir sobre suas relações com as formas de sociedade tecnicamente mais avançadas.

O resultado é o crescimento dos conflitos de territorialidades que temos presenciado, envolvendo comunidades camponesas e indígenas em luta contra grandes empresas do ramo de bens intermediários desde os anos 1970, e a emergência do território como categoria analítica.

O conceito de sociabilidade e as tarefas da geografia na nova era técnica

O conceito de sociabilidade vem emprestar o sentido ontológico que havia faltado no conceito de gênero de vida, e ainda agora no de meio técnico, e relegado como tema de filosofia entre os geógrafos. Juntos, esses conceitos podem nos permitir mudar a ótica do espaço e passar a vê-lo como modo espacial de existência do homem – isto é, geograficidade – e tomá-lo como a categoria de análise mais apropriada para a compreensão das tendências societárias de nosso tempo.

Mapear essas formas de organização como modos de sociabilidade e analisar a capacidade que têm as comunidades nelas organizadas de intervir nas tendências de ordenamento do espaço nessa fase aberta pela engenharia genética é uma necessidade e um desafio para geografia.

Isso significa antes de tudo compreender que, como que numa ironia com a tese dos resíduos da história, essas sociedades de gêneros de vida comunitários e mercantis simples ganham no presente uma atualidade e uma importância inusitadas, abalando nossas teorias. Sua experiência secular de organizar modos de vida dos homens a partir de meios e gêneros geográficos hoje pertinentes com as novas tecnologias e o valor estratégico que isto lhes confere fazem delas um dos sujeitos principais dessa quadra da história. Não por acaso, são essas sociedades – por que não chamá-las territoriais – que hoje têm sustentado o embate com a matriz espaço-territorial do capitalismo com maior contundência, ultrapassando em radicalidade as lutas das classes urbano-industriais, que até então eram chamadas para a frente dos confrontos.

Tal radicalidade se deve a alguns pontos, que aqui só enumeramos. Primeiramente, a mudança no paradigma de matérias-primas que a centração das forças produtivas na engenharia genética implica: a técnica do DNA recombinante desloca os processos produtivos do âmbito dos recursos minerais para o do uso dos recursos genéticos como fonte de produção de produtos nos quais as matérias-primas minerais, paradigmáticas da era técnica da segunda revolução industrial, paulatinamente são substituídas pelas geradas em laboratórios a partir da manipulação genética (Moreira, 2002a). Em segundo lugar, essa mudança paradigmática, por significar uma nova forma de relação homem-meio, reinventa a natureza e o trabalho como fontes de valor de uso, incorpora o excedente das comunidades não capitalistas ao processo de acumulação, estabelece com elas uma forma insuspeitada de relação capital-trabalho e as traz de volta ao conceito do mundo do trabalho (Moreira, 2002b e 2001). Em terceiro, por fim, o capital e as comunidades recuperam e reinventam com isso a terra como meio de produção de valor para além da relação de renda fundiária, restabelecendo sua condição de território e amplificando as frentes de conflito capital-trabalho para além das frações de classes urbanas ao trazer para junto destas as lutas dessas comunidades territoriais (Moreira, 2004a).

Por isso, o papel da engenharia genética de organizar e regular a sociedade da terceira era técnica como paradigma de referência espaço-temporal e de relação homem-meio confere à geografia um privilégio. Tudo indica que as formas de meio geográfico por séculos vividos por aquelas formas de comunidade serão chamadas a inspirar as formas de meio geográfico novas. A ajudar a formatar um processo de reelaboração espacial que será uma espécie de retorno àquelas formas passadas, mas que, centradas no uso de uma tecnologia nova, altamente desenvolvida e sofisticada, porque fundada na pesquisa, desenvolvimento e aplicação em escala generalizada da tecnologia de ponta da engenharia genética e da informática, formatar-se-ão como um meio técnico-científico. O que já vemos sendo praticado nos espaços organizados por meio dos complexos agro e interindustriais (complexos que unem os quatro setores ao redor da indústria). Ao tempo que também nos espaços organizados por aquelas comunidades tradicionais, que, buscando reafirmar seus modos de organização de espaço do passado, passam a recriá-los incorporando os conhecimentos técnicos do presente. E cujo resultado poderá ser, num caso como noutro, um bioespaço, uma espécie de *mix* do gênero de vida e do meio técnico-científico. Um meio técnico-científico e biogeorreferenciado, como o poderíamos talvez chamar.

Desafio é pensar como seria a nova divisão territorial do trabalho e das trocas dessa forma de organização geográfica. Se prevalecer o poder de determinação da engenharia genética integrado ao da informática – a capacidade da engenharia genética de organizar os espaços com referência nos biomas, sua possibilidade concreta de recuperar meios ambientes a partir da recuperação das antigas coberturas vegetacionais não de todo destruídas, sua vocação de biodiversidade e a capacidade e o poder de articular e integrar escalas –, pode-se imaginar uma divisão territorial de trabalho e de trocas baseada em espaços de estruturas autônomas, múltiplas e diferenciadas, espaços de complexidade, não mais espaços de simplicidade, a exemplo do modelo natural dos ecossistemas.

Isso significaria articular esses espaços de complexidade numa rede global, como hoje já vemos acontecendo, mas nos termos hettnerianos de diferenciação de áreas, a formatação a depender de tratar-se de uma rede de complexos do capitalismo globalizado ou de uma rede de complexos das comunidades autônomas organizadas em nível mundial.

A intervenção da pesquisa geográfica faz-se necessária sobretudo porque as formas de organização do espaço tendem a caminhar nos anos futuros para essas duas direções possíveis, opostas e distintas, uma, a apontada pelos grandes complexos de capital, e outra, a apontada pelos complexos criados no âmbito das comunidades, a depender de como esses sujeitos sociais se orientem.

Nota

Texto de exposição realizada na mesa-redonda "Perspectivas da Geografia Latino-Americana no Século XXI", como parte da programação do X Encontro dos Geógrafos da América Latina (EGAL), São Paulo-USP, março de 2005. Publicado originalmente na revista *Diseño y Sociedad,* n. 18, 2005, Universidad Autônoma Metropolitana-Xochimilco, México.

BIBLIOGRAFIA

AB'SABER, Aziz. O pantanal mato-grossense e a teoria dos refúgios. *Revista Brasileira de Geografia*. Rio de Janeiro: IBGE, 1988, ano 50, número especial, tomo 2.

ADORNO, Theodor; HORKHEIMER, Max. *Dialética do esclarecimento*. Rio de Janeiro: Zahar, 1985.

ALTHUSSER, Louis. *Ideologia e aparelhos ideológicos de Estado*. Lisboa: Presença, 1974.

AMIN, Samir. *O desenvolvimento desigual*: ensaio sobre as condições sociais do capitalismo periférico. Rio de Janeiro: Forense-Universitária, 1976.

ANDERSON, J. Ideologia em geografia: uma introdução. *Seleção de textos*. São Paulo: AGB-Seção São Paulo, n. 3, 1977.

ANDRADE, Manuel Corrêa de. *Geografia*: ciência da sociedade. Uma introdução à análise do pensamento geográfico. São Paulo: Atlas, 1987.

ANDRADE, Mário de. *Macunaíma*. São Paulo: Martins Fontes, 1976.

_____. *Pequena história da música*. São Paulo: Martins Fontes, 1977.

BAUDRILLARD, Jean. *Para uma crítica da economia política do signo*. Lisboa: Edições 70, 1981.

_____. *Simulacros e simulação*. Lisboa: Relógio D'Água, 1991.

_____. *A troca simbólica e a morte*. Lisboa: Edições 70, 1996, 2 v.

BETANINI, Tonino. *Espaço e ciências humanas*. São Paulo: Hucitec, 1982.

BORNHEIM, Gerd. *Dialética. Teoria. Práxis*. Porto Alegre: Globo, 1977.

BOSI, Alfredo. *História concisa da literatura brasileira*. São Paulo: Cultrix, 1995.

BRAGA, José Carlos de Souza. Financeirização global: o padrão sistêmico de riqueza do capitalismo contemporâneo. In: TAVARES, M. C.; FIORI, J. L. (orgs.). *Poder e dinheiro*: uma economia política da globalização. Rio de Janeiro: Vozes, 1998, pp. 195-242.

BRUNHES, Jean. *Geografia humana* (edição abreviada). Rio de Janeiro: Fundo de Cultura, 1962.

BUTTIMER, Anne. *Sociedad y medio en la tradición geográfica francesa*. Barcelona: Oiko-Tao, 1980.

CASTELLS, Manuel. *A questão urbana*. Rio de Janeiro: Paz e Terra, 1983.

CHESNAIS, François. *A mundialização do capital*. São Paulo: Xamã, 1996.

CHRISTOFOLETTI, Antonio (org). *Perspectivas da geografia*. São Paulo: Difel, 1982.

CLAVAL, Paul. *Evolución de la geografia humana*. Barcelona: Oiko-Tao, 1974.

_____. *Geografia do homem*. Lisboa: Almedina, 1987.

COSTA, Wanderley Messias da; MORAES, Antonio Carlos Robert. Valor, espaço e método. In: *Revista de Ciências Humanas*. São Paulo: Livraria e Editora de Ciências Humanas, 1979.

_____. O espaço como categoria de análise. In: *Conferência Latino-Americana de Geografia*. Rio de Janeiro: UGI, 1982.

_____. *Geografia crítica*: a valorização do espaço. São Paulo: Hucitec, 1984.

DEBRAY, Régis. *Uma história do olhar no ocidente*: vida e morte da imagem. Rio de Janeiro: Vozes, 1994.

DELEUZE, Gilles. *Diferença e repetição*. Rio de Janeiro: Graal, 1988.

_____; GUATTARI, F. *O anti-Édipo. Capitalismo e esquizofrenia*. Rio de Janeiro: Imago, 1976.

_____. *Mil platôs. Capitalismo e esquizofrenia*. São Paulo: Editora 34, 1995, 5 v.

DERRIDA, Jacques. *Escritura e diferença*. São Paulo: Perspectiva, 1971.

_____. *Gramatologia*. São Paulo: Perspectiva, 1973.

DOSSE, François. *História do estruturalismo*. São Paulo: Ensaio, 1993, 2v.

ELIADE, Mircea. *O mito do eterno retorno*. Lisboa: Edições 70, 1985.

_____. *Origens*. Lisboa: Edições 70, 1989.

ENGELS, F. O papel do trabalho na transformação do macaco em homem. *A dialética da natureza*. Lisboa: Presença, 1978.

FOUCAULT, Michel. *O nascimento da clínica*. Rio de Janeiro: Forense-Universitária, 1977.

_____. Entrevista com Foucault. *Microfísica do poder*. Rio de Janeiro: Graal, 1979.

_____. *As palavras e as coisas*: uma arqueologia das ciências humanas. São Paulo: Martins Fontes, 1985.

FREUD, Sigmund. *O mal-estar na civilização*. Rio de Janeiro: Imago, 1997.

GEORGE, Pierre. *A ação do homem*. São Paulo: Difel, 1968.

_____. *Geografia da população*. São Paulo: Difel, 1973a.

_____. Problemas, doutrina e método. *Geografia ativa*. São Paulo: Difel, 1973b.

_____. *Os métodos da geografia*. São Paulo: Difel, 1978.

GOMES, Horieste. Reflexões sobre a dialética. In: *Boletim Goiano de Geografia*. Goiânia: Departamento de Geografia da UFGO, 1983, n. 1 e 2.

_____. *Reflexões sobre teoria e crítica em geografia*. Goiânia: Cegraf/UFGO, 1991.

GOMES, P. César. O conceito de região e sua discussão. *Geografia*: temas e críticas. Rio de Janeiro: Bertrand Brasil, 1995, pp. 49-76.

GONÇALVES, Carlos Walter Porto. A geografia está em crise. Viva a geografia. *Boletim Paulista de Geografia*. São Paulo: AGB-São Paulo, 1978, n. 55.

GRAMSCI, Antonio. *Maquiavel, a política e o Estado moderno*. Rio de Janeiro: Civilização Brasileira, 1968.

GREGORY, K. J. *A natureza da geografia física*. Rio de Janeiro: Bertrand, 1992.

GRIGG, David. Regiões, modelos e classes. *Boletim Geográfico*. Rio de Janeiro: IBGE, mai./jun. 1973, ano 22, n. 234, pp. 3-46.

HABERMAS, Jurgen. *O discurso filosófico da modernidade*. Lisboa: Dom Quixote, 1990.

HAESBAERT, Rogério. Escalas espaço-temporais: uma introdução. *Boletim Fluminense de Geografia*. Niterói: AGB, 1993, v. 1, ano I, n. 1, pp. 31-51.

HARNECKER, Marta. *O capital*: conceitos fundamentais. São Paulo: Global, 1978.

HARTSHORNE, Richard. *Espírito e propósitos da geografia*. São Paulo: Hucitec, 1978a.

_____. *Propósitos e natureza da geografia*. São Paulo: Hucitec/Edusp, 1978b.

HARVEY, David. *Condição pós-moderna*: uma pesquisa sobre as origens da mudança cultural. São Paulo: Loyola, 1992.

_____. *Justice, Nature & the Geography of Difference*. Oxford: Blackwell, 1996.

HEIDEGGER, Martin. *Ser e tempo*. Rio de Janeiro: Vozes, 1988.

JAMESON, Fredric. *As sementes do tempo*. São Paulo: Ática, 1997a.

_____. *O marxismo tardio*: Adorno, ou a persistência da dialética. São Paulo: Unesp/Boitempo, 1997b.

KORSCH, Karl. *Marxismo e filosofia*. Lisboa: Afrontamento, 1977.

KOSIK, Karel. *Dialética do concreto*. Rio de Janeiro: Paz e Terra, 1969.

KOYRÉ, Alexandre. *Do mundo fechado ao universo infinito*. Rio de Janeiro: Forense Universitária, 1979.

_____. *Estudos de história do pensamento científico*. Rio de Janeiro: Forense Universitária, 1982.

LA BLACHE, Paul Vidal de. *Princípios de geografia humana*. Lisboa: Cosmos, 1954.

LACOSTE, Yves. *Os países subdesenvolvidos*. São Paulo: Difel, 1968.

_____. *Geografia do subdesenvolvimento*. São Paulo: Difel, 1969.

_____. A geografia. In: CHATELET, François (org.). *História da filosofia*: ideias, doutrinas, a filosofia das ciências sociais – de 1860 a nossos dias. Rio de Janeiro: Zahar, 1974, v. 7.

_____. *A geografia serve antes de mais nada para fazer a guerra*. Lisboa: Iniciativas Editoriais, 1977.

_____. *Unité & Diversité de Tiers Monde*. Paris: Librairie François Maspero/Hérodote, 1980, 3v.

_____. *A geografia – isso serve, em primeiro lugar, para fazer a guerra*. São Paulo: Papirus, 1988.

_____. Entrevista com Yves Lacoste. *Ideias Contemporâneas*: entrevistas do *Le Monde*. São Paulo: Ática, 1989.

LARUELLE, François. *As filosofias da diferença*. Porto: Rés, s/d.

LEFEBVRE, Henri. *A reprodução das relações de produção*. Lisboa: Publicações Escorpião, 1973.

_____. *El derecho a la ciudad*. Barcelona: Península, 1969a.

_____. *O pensamento de Lênin*. Lisboa: Moraes, 1969b.

_____. *Le manifeste différentialiste*. Paris: Gallimard, 1970.

_____. *De lo rural a lo urbano*. Barcelona: Península, 1971.

_____. *La production de l'espace*. Paris: Antrophos, 1974.

_____. *Lógica formal/lógica dialética*. Rio de Janeiro: Civilização Brasileira, 1975.

_____. *Espacio y política. El derecho a la ciudad II*. Barcelona: Península, 1976.

_____. *La presencia y la ausencia, contribucion a la teoria de las representaciones*. México: Fondo de Cultura Económica, 1983.

LESSA, Sérgio. *Ontologia do ser social*: os princípios fundamentais de Marx. São Paulo: Livraria Editora Ciências Humanas, 1979.

_____. *A ontologia de Lukács*. 2. ed. Maceió: Edufal, 1997.

_____. *Mundo dos homens. Trabalho e ser social*. São Paulo: Boitempo, 2002.

LÉVI-STRAUSS, Claude. *Totemismo hoje*. Rio de Janeiro: Vozes, 1975.

LOBATO, Roberto. Da nova geografia à geografia nova. In: MOREIRA, Ruy (org.). *Geografia*: teoria e crítica – O saber posto em questão. Rio de Janeiro: Vozes, 1980.

_____. Espaço: um conceito-chave da geografia. In: CASTRO, Iná Elias et al. (org.). *Geografia*: conceitos e temas. Rio de Janeiro: Bertrand, 1995.

LUKÁCS, Georg. Narrar ou descrever. *Ensaios sobre a literatura*. Rio de Janeiro: Civilização Brasileira, 1968.

_____. *Ontologia do ser social. A falsa e a verdadeira ontologia de Hegel*. São Paulo: Livraria Editora Ciências Humanas, 1979.

LUXEMBURGO, Rosa. *O socialismo e as igrejas*: o comunismo dos primeiros cristãos. Rio de Janeiro: Dois Pontos, 1986.

MALIK, Kenan. O espelho da raça: o pós-modernismo e a louvação da diferença. *Em defesa da história*: marxismo e pós-modernidade. Rio de Janeiro: Zahar, 1999, pp. 123-144.

MANDEL, Ernest. *O capitalismo tardio*. São Paulo: Abril Cultural, 1982. (Os economistas).

MARX, Karl. O método da economia política. *Contribuição para a crítica da economia política*. Lisboa: Estampa, 1974.

_____. *Capítulo* VI *(Inédito d'O capital)*. *Resultados do processo de produção imediato*. Lisboa: Escorpião, 1975.

_____. *O 18 brumário e cartas a Kugelmann*. São Paulo: Paz e Terra, 1978.

_____. *O capital*: crítica da economia política. Rio de Janeiro: Civilização Brasileira, 1985.

MELO, Hygina Bruzzi. *A cultura do simulacro*: filosofia e modernidade em J. Baudrillard. São Paulo: Loyola, 1988.

MORAES, Antonio Carlos Robert. Em busca de uma ontologia do espaço. In: MOREIRA, Ruy (org.). *Geografia*: teoria e crítica – O saber posto em questão. Rio de Janeiro: Vozes, 1980.

MOREIRA, Ruy. Geografia e sociedade: os novos rumos do pensamento geográfico. *Revista de Cultura Vozes*. Rio de Janeiro: Vozes, ano 74, n. 4, 1979.

_____. Geografia e práxis: algumas questões. *Geografia e sociedade:* os novos rumos do pensamento geográfico – *Revista de Cultura Vozes*. Rio de Janeiro: Vozes, ano 74, n. 4, 1979.

_____. Ideologia e política nos estudos de população. *Projeto ensino*. São Paulo: UPGE/AGB-SP/Apeoesp, 1980.

_____. *O que é geografia*. São Paulo: Brasiliense, 1980.

_____. "Plantation" e formação espacial: as raízes do Estado-nação no Brasil. In: SERRA, Carlos Alberto T. (org.). *Contribuição ao estudo da geografia agrária*. Rio de Janeiro: PUC-RJ, 1981. (Série Estudos PUC-RJ).

_____. A geografia serve para desvendar máscaras sociais. In: MOREIRA, Ruy (org.). *Geografia*: teoria e crítica. O saber posto em questão. Rio de Janeiro: Vozes, 1982.

_____. Espaço e tempo: uma compreensão materialista e dialética. In: SANTOS, Milton (org.). *Novos rumos da geografia brasileira*. São Paulo: Hucitec, 1982.

_____. *Geografia crítica*: a valorização do espaço. São Paulo: Hucitec, 1984.

_____. *O movimento operário e a questão cidade-campo*: estudo sobre sociedade e espaço no Brasil. Rio de Janeiro: Vozes, 1985.

_____. *O discurso do avesso*: para a crítica da geografia que se ensina. Rio de Janeiro: Dois Pontos, 1987.

_____. *O círculo e a espiral, a crise paradigmática do mundo moderno*. Rio de Janeiro: Obra Aberta/coautor, 1993.

_____. A pós-modernidade e o mundo globalizado do trabalho. *Revista Paranaense de Geografia*. Curitiba: AGB, n. 2, 1997a.

_____. Da região à rede e ao lugar. A nova realidade e o novo olhar geográfico sobre o mundo. *Ciência Geográfica*. Bauru: AGB-Bauru, n. 6, 1997b.

_____. Desregulação e remonte no espaço geográfico globalizado. *Ciência Geográfica*. Bauru: AGB, maio/ago.1998a, n. 10, pp. 23-7.

_____. O tempo e a forma. A sociedade e suas formas de espaço no tempo. *Ciência Geográfica*. Bauru: AGB, jan./abr. 1998b, n. 9, pp. 4-10.

_____. O paradigma e a ordem. Genealogia e metamorfoses do espaço capitalista. *Ciência Geográfica*. Bauru: AGB-Bauru, mai./ago. 1999a, n. 13, pp. 31-44.

_____. Realidade e metafísica nas estruturas geográficas contemporâneas. *Redescobrindo o Brasil 500 anos depois*. Rio de Janeiro: Bertrand Brasil, 1999b.

_____. Os períodos técnicos e os paradigmas do espaço do trabalho. *Ciência geográfica*. Bauru: AGB-Bauru, ano VI, n. 16, 2000.

_____. As novas noções do mundo (geográfico) do trabalho. *Ciência Geográfica*. Bauru: AGB, 2001, ano VII, n. 20.

_____. Os quatro modelos de espaço-tempo e a reestruturação. *GEOgraphia*. Niterói: PPGEO, 2002a, ano IV, n. 7.

_____. Teses para uma geografia do trabalho. *Ciência Geográfica*. Bauru: AGB, 2002b, ano VIII, v. II, n. 22.

BIBLIOGRAFIA

_____. A nova divisão territorial do trabalho e as tendências de configuração do espaço brasileiro. In: LIMONAD, HAESBAERT e MOREIRA (orgs.). *Brasil século XXI, por uma nova globalização*. Niterói: Max Limonad/PPGEO, 2004a.

_____. Marxismo e geografia: a geograficidade e o diálogo das ontologias. *GEOgraphia*. Niterói: PPGEO/UFF, 2004b, ano VI, n. 11.

MOREIRA, Ruy; COSTA, W. Messias da. Valor, espaço e método. *Revista de Ciências Humanas*. São Paulo: Livraria e Editora Ciências Humanas, 1979.

MUMFORD, Lewis. *Técnica y civilización*. Barcelona: Alianza Universidad, 1992.

OLIVEIRA, Ariovaldo Umbelino de. O "econômico" na obra *Geografia econômica* de Pierre George. *Boletim Paulista de Geografia*. São Paulo: AGB-São Paulo, n. 54, 1977.

_____. Espaço e tempo: uma compreensão materialista e dialética. In: SANTOS, Milton (org.). *Novos rumos da geografia brasileira*. São Paulo: Hucitec, 1982.

OLIVEIRA, Francisco. Acumulação monopolista, estado e urbanização: a nova qualidade dos conflitos sociais. *Contradições urbanas e movimentos sociais*. Rio de Janeiro: Paz e Terra/Cedec, 1977.

ORTIZ, Renato. *Mundialização e cultura*. São Paulo: Brasiliense, 1994.

PIERUCCI, Antonio Flávio. *Ciladas da diferença*. São Paulo: Editora 34, 1999.

PRESTIPINO, Giuseppe. *El pensamiento filosófico de Engels. Naturaleza, y sociedad en la perspectiva teórica marxista*. Barcelona: Siglo Vinteuno, 1973.

QUAINI, Massimo. *Marxismo e geografia*. São Paulo: Paz e Terra, 1979.

_____. *A construção da geografia humana*. São Paulo: Hucitec, 1983.

RAFFESTIN, Claude. *Por uma geografia do poder*. São Paulo: Ática, 1993.

RAMOS, Graciliano. *Vidas secas*. Rio de Janeiro: Record, 1981.

RECLUS, Elisée. *El hombre y la tierra*. Barcelona: Maucci, 6 v., s/d.

REIJNTJES, Coen; HAVERKORT, Bertus; WATERS-BAYER, Ann. *Agricultura para o futuro*: uma introdução à agricultura sustentável e de baixo uso de insumos externos. Rio de Janeiro: AS-PTA e Ileia, 1999.

RÖD, Wolfgang. *Filosofia dialética moderna*. Brasília: UNB, 1974.

ROSA, João Guimarães. *Grande sertão: veredas*. Rio de Janeiro: José Olímpio, 1976.

SAHTOURIS, Elisabeth. *Gaia, do caos ao cosmos*. São Paulo: Interação, 1991.

SANTOS, Boaventura de Souza. *Produzir para viver*: os caminhos da produção não capitalista. Rio de Janeiro: Civilização Brasileira, 2002.

SANTOS, Milton. Sociedade e espaço: a formação social como teoria e método. *Boletim Paulista de Geografia*. São Paulo: AGB-São Paulo, n. 54, 1977.

_____. *Por uma geografia nova*: da crítica da geografia a uma geografia crítica. São Paulo: Hucitec/Edusp, 1978.

_____. Sobre a geografia nova, nos periódicos. In: MOREIRA, Ruy (org.). Geografia e sociedade: os novos rumos do pensamento geográfico. *Revista de Cultura Vozes*. Rio de Janeiro: Vozes, ano 74, n. 4, 1980.

_____ (org.). *Novos rumos da geografia brasileira*. São Paulo: Hucitec, 1982.

_____. *Técnica, espaço, tempo*: globalização e meio técnico-científico e informacional. São Paulo: Hucitec, 1994.

_____. *A natureza do espaço*: técnica e tempo. Razão e emoção. São Paulo: Hucitec, 1996.

SARTRE, Jean-Paul. *Questão de método*. São Paulo: Difel, 1967.

SILVA, Armando Corrêa da. *O espaço fora do lugar*. São Paulo: Hucitec, 1978.

_____. A renovação geográfica no Brasil: 1976-1983. As geografias radical e crítica na perspectiva teórica. *Boletim Paulista de Geografia*. São Paulo: AGB-São Paulo, n. 60, 1983.

_____. *De quem é o pedaço. Espaço e cultura*. São Paulo: Hucitec, 1986.

_____. *Geografia e lugar social*. São Paulo: Contexto, 1991.

SILVA JÚNIOR, João Reis; GONZÁLES, Jorge Luís Cammarano. *Formação e trabalho*: uma abordagem ontológica da sociabilidade. São Paulo: Xamã, 2001.

SODRÉ, Nelson Werneck. *Introdução à geografia:* geografia e ideologia. Rio de Janeiro: Vozes, 1976.

SOJA, Edward. *Geografias pós-modernas*: a reafirmação do espaço na teoria social crítica. Rio de Janeiro: Zahar, 1993.

_____. *Thirdspace. Journeys to Los Angeles and other real-and-imagined places*. Cambridge/Massachusetts: Blackwell, 1996.

SORRE, Max. *El hombre en la tierra*. Barcelona: Labor s/a, 1967.

_____. A noção de gênero de vida e sua evolução. In: MEGALE, Januário Francisco (org.). *Max. Sorre*. São Paulo: Ática, 1984.

TATHAM, George. A geografia do século dezenove. *Boletim Geográfico*. Rio de Janeiro: IBGE, ano XVII, n. 157, 1959.

THOMPSON, E. P. Tempo, disciplina do trabalho e capitalismo industrial. *Costumes em comum*. São Paulo: Companhia das Letras, 1998.

TODOROV, Tzvetan. *Nós e os outros*: a reflexão francesa sobre a diversidade humana: 1. Rio de Janeiro: Zahar, 1993.

TOURAINE, Alain. O nascimento do sujeito. *Crítica da modernidade*. Rio de Janeiro: Vozes, 1994, terceira parte.

TRICART, Jean. *Ecodinâmica*. Rio de Janeiro: Supren/IBGE, 1997.

VATIMO, Gianni. *As aventuras da modernidade*. Lisboa: Edições 70, 1988.

VESENTINI, José William. *A capital da geopolítica*. São Paulo: Ática, 1986.

WHITTLESEY, David. O conceito regional e o método regional. *Boletim Geográfico*. Rio de Janeiro: IBGE, jan./jun. 1960, n. 154, pp. 5-36.

WOOLDRIDGE, S. W.; EAST, W. G. *Espírito e propósitos da geografia*. Rio de Janeiro: Zahar, 1967.

O AUTOR

Ruy Moreira
Professor associado 2 do Departamento de Geografia da Universidade Federal Fluminense (UFF), onde leciona e orienta pesquisas nos cursos de graduação e pós-graduação (mestrado e doutorado) em Geografia e coordena o Núcleo de Estudos de Reestruturação do Espaço e do Trabalho (NERET). É mestre em Geografia pela Universidade Federal do Rio de Janeiro (UFRJ) e doutor em Geografia Humana pela Universidade de São Paulo (USP). Autor de diversos artigos e livros na área, publicou pela Editora Contexto *Para onde vai o pensamento geográfico?* e *O pensamento geográfico brasileiro, vol. 1: as matizes clássicas originárias*.

Cadastre-se no site da Contexto
e fique por dentro dos nossos lançamentos e eventos.
www.editoracontexto.com.br

Formação de Professores | Educação
História | Ciências Humanas
Língua Portuguesa | Linguística
Geografia
Comunicação
Turismo
Economia
Geral

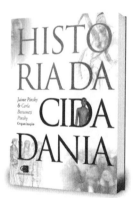

Faça parte de nossa rede.
www.editoracontexto.com.br/redes

Promovendo a Circulação do Saber